Sunusi Abdu Yusif

O milagre do Biochar e do AMF nos processos do solo e no desempenho das plantas

Sunusi Abdu Yusif

O milagre do Biochar e do AMF nos processos do solo e no desempenho das plantas

ScienciaScripts

Imprint

Cover image: www.ingimage.com

This book is a translation from the original published under ISBN 978-3-330-33395-6.

Publisher:
Sciencia Scripts
is a trademark of
Dodo Books Indian Ocean Ltd. and OmniScriptum S.R.L publishing group

120 High Road, East Finchley, London, N2 9ED, United Kingdom
Str. Armeneasca 28/1, office 1, Chisinau MD-2012, Republic of Moldova, Europe
Managing Directors: Ieva Konstantinova, Victoria Ursu
info@omniscriptum.com

Printed at: see last page
ISBN: 978-620-8-64240-2

RESUMO

A utilização de biocarvão e de fungos micorrízicos arbusculares (FMA) oferece muitas oportunidades melhoria do solo, mas tanto o biocarvão como as comunidades micorrízicas são geríveis. É importante entender suas interações para que possam ser usadas de maneira ideal. Em 2013 e 2014, foram realizadas experiências de campo e de laboratório na quinta de ensino e investigação da Universidade Federal de Agricultura em Abeokuta estudar os efeitos da aplicação de biochar e da inoculação de nódulos micorrízicos (AM) nas propriedades do solo e na produtividade de dois genótipos de tomate. A experiência em estufa foi concebida utilizando um esquema fatorial 2*5*2 com três repetições aleatórias. Os factores foram dois genótipos de tomate (ex-Lafia e ex-Lokoja), cinco taxas de couve orgânica (0, 5, 10, 15 e 20 t ha$^{-1)}$ e dois níveis AMF (com e sem AMF). O ensaio de campo foi um desenho de parcelas divididas com dois genótipos de tomate nas parcelas principais, cinco taxas aplicação de biochar em parcelas adicionais e dois níveis inoculação AMF em parcelas adicionais.
Os dados sobre as caraterísticas do solo e o desempenho agronómico do tomate foram recolhidos e submetidos a uma análise de variância; as médias significativas foram separadas usando o teste multiescala de Duncan (p 0,05).
Os resultados do ensaio em estufa mostraram que a inoculação do solo de AM com biochar resultou numa colonização significativamente maior (p 0,05) das raízes por AM (51,33%) em comparação com o controlo (10,17%). <br class='autobr' /> No entanto, nenhuma diferença significativa (p 0,05) foi observada entre os tratamentos micorrízicos e não micorrízicos no que diz respeito à produção de matéria seca de brotos e raízes, valor do pH do solo, carbono orgânico e P disponível. A aplicação de 20 t ha^{-1} de biochar resultou em valores significativamente mais elevados ($p<0,05$) de colonização radicular AM, pH do solo e fósforo disponível em comparação com o controlo (0 t ha$^{-1)}$. No entanto, 15 t ha^{-1} de biochar deu valores comparáveis a 20 t ha^{-1} de biochar na maioria dos casos.
Os resultados do ensaio de campo mostraram que a inoculação micorrízica aumentou significativamente a produção de matéria seca dos rebentos

(2935,8 kg ha^{-1}, o P dos rebentos (0,72 g P kg^{-1} e a contagem de esporos AM (47,90 esporos / 25 g de solo) em comparação com plantas não micorrizadas (p 0,05).
Mas o teor de carbono orgânico do solo foi significativamente maior nas parcelas não micorrizadas (p 0,05).

A aplicação de 20 t ha^{-1} de biochar aumentou significativamente (p 0,05) a produção de matéria seca de rebentos, a produção de frutos de tomate, o pH do solo, o carbono orgânico do solo, o P disponível e a contagem de esporos AM em comparação com o controlo. A aplicação de 15 t ha^{-1} de biochar deu resultados comparáveis à aplicação de 20 t ha^{-1} de biochar. <Não houve diferenças significativas (p 0,05) na colonização radicular AM, rendimento de matéria seca radicular, absorção de P, carbono da biomassa microbiana (MBC) e azoto da biomassa microbiana (MBN). Em suma, 20 t ha^{-1} de biochar podem ser utilizadas para melhorar as propriedades químicas e biológicas do solo e a produtividade do tomateiro. O biochar com um pH muito alcalino deve ser utilizado em solos com um pH baixo melhorar as propriedades químicas e biológicas do solo. A inoculação de AM no solo com biochar também é útil, particularmente para melhorar a nutrição de P, a colonização radicular de AM e a diversidade de esporos de AM.

CARTAS.

Este trabalho é dedicado ao meu pai, à minha mãe e à minha avó, os falecidos Alhaji Yusif Gwalaida, Malame Hajiya Rabi Sani e Malame Hajiya Yaya, respetivamente, que sempre me deram o seu amor e apoio e sem cujo apoio financeiro este trabalho de investigação não teria sido possível.

SAIR

Todos os agradecimentos e honras vão para Alá, o Todo-Poderoso e Misericordioso, e eu curvo-me perante Ele pela Sua orientação em todos os meus esforços. Agradeço ao meu principal supervisor, Dr. Dara, pelo seu apoio, orientação e críticas construtivas durante a realização deste estudo. Gostaria também de agradecer aos meus assistentes, a Professora (Sra.) O. A. Babalola e Dr. A. R. Populu, pela sua orientação e compaixão e por terem melhorado a qualidade deste trabalho. Estou também sinceramente grato ao Chefe de Departamento, Professor (Sra.) O.A. Babalola e a todo o pessoal do Departamento de Solos e Gestão de Terras por terem melhorado este trabalho, dando conselhos e palavras de encorajamento em todos os momentos. Um agradecimento especial ao Dr. A.A. Soretire, ao Dr. K.O. Adejuyigbe, ao Dr. G.A. Ajiboye, ao Dr. B.A. Senjobi, ao Dr. J.O. Azeez, ao Dr. M.A. Busari e ao Prof. Enikuomehin pelo seu apoio incomensurável, críticas construtivas e conselhos profissionais.

Gostaria também de agradecer aos amigos e técnicos do laboratório pela sua colaboração e preocupação, em particular à Sra. A.M. Adelakun e à Sra. R.O. Awogbami (Laboratório SSLM, FUNAAB), ao Sr. M.O. Oladapo (IAR & T). Gostaria particularmente de agradecer os esforços do Sr. S. N. Animashaun, do Sr. K. Kamara, do Sr. A. Ridwan e do I. Oluwaseun pelo seu apoio no trabalho de campo e na recolha de dados. Estou grato ao meu mentor, Prof. V.O. Alegbeleye, pelos seus conselhos paternais, apoio e orientação útil em todos os momentos. Estou particularmente grato ao Sr. A.S. Saliu, ao Sr. A.M. Isa e ao Sr. B.M. Shehu, ao Sr. I.Y. Tafinta e a todos os membros da minha equipa. Tafinta e a todos os membros do meu agregado familiar em Abeokuta pelo seu apoio na recolha e análise de dados.

Estou sinceramente grato aos meus pais, irmãos e irmãs pelos seus cuidados, amor e apoio, especialmente a Hajiya Yaya, Hajiya Rabi, Malam Sheh, Habib, M.Y., Abdullahi I., Hajiya Iyami, Hajiya Sadia, à minha mulher Habiba Muhammad Danje, ao meu filho Muhammad

Sunusi Yusuf e a todos os que contribuíram para o êxito deste estudo. Estou muito grato a todos vós.

Por último, gostaria de agradecer à Usman Danfodiyo University Sokoto (UDUS) pela bolsa de estudo e pelas palavras de encorajamento dos meus colegas mais velhos e mais novos, incluindo o Diretor da Faculdade Agricultura (UDUS), Professor A.U. Dikko, o Professor S.S. Noma e o meu Chefe de Departamento, Dr. M. Audu.

CAPÍTULO 1

1.0 INTRODUÇÃO

1.1 Informações gerais

A cultura do tomate é de importância agrícola em todo o mundo. O tomate (*Lycopersicon esculentum* Mill.) é uma das mais populares e importantes culturas hortícolas cultivadas no mundo. É rico em vitaminas A, B e C, potássio (K), ferro (Fe) e cálcio (Ca). É uma boa fonte de licopeno e actua como um anticancerígeno (Kirankumar *et al.*, 2008). Kubota *et al* (2005) consideram que o tomate é reconhecido como uma planta micotrófica, razão pela qual a utilização de fungos micorrízicos arbusculares (FMA) como biofertilizante é recomendada melhorar a produção e reduzir utilização fertilizantes inorgânicos.

Lendzemo e Kuyper (2001) e Mwangi *et al.* (2011) definiram os FMA como microrganismos sociais que estabelecem relações simbióticas com as raízes da maioria das plantas, como o tomate e o sorgo, e têm um elevado potencial de colonização. Os fungos micorrízicos fazem muitas vezes parte das operações de lavoura na produção vegetal e são frequentemente utilizados como inoculantes do solo (Schwartz *et al.*, 2006). Os fungos micorrízicos são os fungos mais difundidos no solo, estabelecem relações simbióticas com a maioria das plantas e verificou-se que a sua inoculação direta nas plantas facilita a absorção de nutrientes como o fósforo (P) (Sieverding, 1991 ; Atayese *et al*, 1993; Ryan e Graham 2002; Harrier e Watson, 2003), Ca, zinco (Zn) e cobre (Cu) (Nishio, 1996), bem como o crescimento das plantas (Jeffries *et al*, 2003; Duponnois *et al.*, 2005) e a tolerância a diferentes tipos de factores de stress biótico e abiótico (Rosendahl e Rosendahl, 1991; Caravaca *et al.*, 2003). Por outro lado, Abbott e Robson (1991) relataram que a colonização de micorrizas em plantas de amendoim foi significativamente suprimida pela adição de P. Sanchez e Salinas (1981) atribuíram provavelmente a redução da colonização radicular e o seu papel positivo à elevada fertilidade do solo, que reduziu a dependência das plantas das micorrizas e, consequentemente, limitou o desenvolvimento destes fungos à casca da raiz.

O aspeto do bioaçúcar é semelhante ao do carvão vegetal, que é produzido pela carbonização da biomassa na ausência oxigénio ou num ambiente pobre em oxigénio. Matsubara *et al* (2002), Glaser *et al* (2002a), DeLuca *et al* (2006), Warnock *et al* (2007) e Kolb *et al* (2009) referiram que a adição de biochar ao solo pode alterar a disponibilidade de nutrientes no solo, melhorando as propriedades físico-químicas do solo, aumentando a produtividade da planta hospedeira e a taxa de colonização das raízes da planta hospedeira por micorrizas AMF. A adição de açúcar orgânico e a inoculação de fungos micorrízicos durante o cultivo são claramente oportunidades explorar potenciais sinergias que podem ter um efeito positivo na qualidade do solo (Daniel *et al.*, 2007). Harvey *et al* (1976) referiram que a aplicação de biochar pode influenciar positivamente abundância e a colonização dos FAM das plantas hospedeiras, promovendo assim o crescimento das plantas. Nishio (1996) estimou que a aplicação de biochar estimula o desenvolvimento de fungos micorrízicos arbusculares nativos no solo, promovendo assim o crescimento das plantas. Matsubara *et al* (2002) sugeriram que o biochar pode também aumentar a capacidade dos FMA para ajudar as plantas hospedeiras a defenderem-se contra a infeção por agentes patogénicos das plantas. No entanto, Wallstedt *et al* (2002) registaram a observação oposta: a utilização de biochar nem sempre beneficia os fungos micorrízicos. Espalhar biochar no solo pode reduzir a disponibilidade de nutrientes ou criar condições desfavoráveis de nutrientes no solo. Gaur e Adholeya (2000) referiram que este efeito negativo pode ser mais pronunciado quando o biocarvão tem uma relação C/N muito elevada e parte do biocarvão é degradado ou quando uma taxa elevada de aplicação de biocarvão leva à imobilização do azoto. Nessas condições, o biocarvão pode também ter um efeito negativo no crescimento das plantas (Warnock *et al.,* 2007).

Dado o potencial já mencionado de respostas negativas do solo, das plantas e dos fungos micorrízicos à adição de biocarvão (Johnson, 1993), o conhecimento dos efeitos do biocarvão no desempenho das plantas, na EMA e nas propriedades químicas e biológicas do solo é de importância primordial e requer a máxima atenção, a fim de assegurar funções de EMA amigas do ambiente em solos enriquecidos com biocarvão.

1.2 Justificação do estudo

O biocarvão e as associações micorrízicas, simbioses omnipresentes nos ecossistemas terrestres, são potencialmente importantes para um grande número de serviços ecossistémicos prestados pelo solo e contribuem para a produção sustentável de culturas, a recuperação de ecossistemas, a fixação de carbono no solo e, consequentemente, a atenuação das alterações climáticas globais (Daniel *et al.*, 2007). Os dados sobre os efeitos do biocarvão nas micorrizas e no crescimento das plantas estão a acumular-se, mas existem ainda algumas lacunas significativas no nosso conhecimento destas interações. Para explorar plenamente o potencial do biocarvão como adjuvante do solo, precisamos de saber como é que o biocarvão influencia as propriedades químicas e biológicas do solo. Compreender e utilizar as interações entre os FMA, o biocarvão e as micorrizas do tomateiro é essencial para melhorar a produção de tomate.

1.3 Objetivo do estudo

Os objectivos do estudo eram os seguintes:

- Medição do efeito do biochar e do AMF no crescimento e rendimento das plantas de tomate.
- Determinar o efeito do biochar na colonização de raízes de tomate por AMF, a frequência de esporos de AMF no solo e outras propriedades biológicas.
- Avaliação dos efeitos da inoculação de biochar e AMF em propriedades químicas selecionadas do solo.

CAPÍTULO 2

2.1 REVISÃO DA LITERATURA

2.1 Fungos micorrízicos arbusculares (FMA)

Os fungos micorrízicos arbusculares (FMA) são simbiontes biotróficos obrigatórios presentes em quase todos os solos naturais e agrícolas e colonizam frequentemente as raízes de muitas espécies de plantas (Smith e Read, 1997). Como simbiontes mutualistas, são capazes de se desenvolver nas raízes das plantas sem causar sintomas de doença. São simbiontes obrigatórios, pois ainda conseguiu cultivar fungos glomeromicóticos separadamente dos seus hospedeiros vegetais simbióticos. Quando penetram nas raízes, geralmente formam estruturas arborescentes chamadas arbúsculos, que frequentemente preenchem as células das raízes. Como a espessura das paredes celulares de ambos os simbiontes é muito reduzida na superfície dos ramos arbusculares, os dois parceiros simbióticos estão em contacto muito próximo. Alguns fungos glomeromicóticos também formam órgãos de armazenamento, chamados vesículas, dentro das células da raiz.

O papel dos fungos micorrízicos arbusculares (FMA) é bem conhecido, uma vez que constituem um sistema importante de absorção de nutrientes como o azoto (N), o P, o K e micronutrientes como o Zn, o manganês (Mn) e o Cu. Também fornecem fosfato solúvel e aumentam a resistência das plantas às doenças. Estudos efectuados em diferentes partes do mundo mostraram que os FMA influenciam os processos do ecossistema. São capazes de apoiar as plantas hospedeiras nas suas reacções de crescimento, determinando assim a estrutura da comunidade vegetal (Hartnett e Wilson, 1999; Heijden *et al.,* 1998a; 1998b; Klironomos *et al.,* 2000).

2.2 Reprodução e ciclo de vida da MPA

Não há provas de que os glomérulos se reproduzam sexualmente. Estudos utilizando genes marcadores moleculares mostraram que existe recombinação ou apenas um baixo grau de recombinação (Kuhn *et al.,* 2001). É geralmente aceite que os esporos são produzidos sexualmente. |Os fungos Glomeromycota produzem esporos relativamente grandes (40-800 im) com paredes estratificadas contendo várias centenas ou milhares de núcleos (Becard et Pfeffer, 1993). Os esporos podem ser formados individualmente, em grupos ou em "corpos de frutificação" morfologicamente diferentes, os esporocarpos (Morton, 1988). Tal como acontece com a maioria dos Zygomycetes, os filamentos celulares (hifas) dos fungos glomeromycota não possuem as paredes transversais regulares (septos) que são uma caraterística distintiva dos fungos dos filos Basidiomycota e Ascomycota. Em condições ambientais favoráveis, os esporos de Glomeromycota germinam, formam apressórios nas raízes do hospedeiro e entram numa nova simbiose micorrízica. Novos esporos podem ser formados em micélios tanto dentro como fora das raízes.

Para além da multiplicação por esporos, muitas espécies de glomeromycota podem colonizar plantas hospedeiras através de fragmentos de hifas no solo ou diretamente através de simbiontes que vivem nas raízes uma planta vizinha. Como já foi referido, trata-se de simbiontes obrigatórios e, se as hifas germinativas de um esporo não encontrarem uma raiz hospedeira, o crescimento pára ao fim de algum tempo e o citoplasma pode ser arrastado para o esporo.

2.3 O papel ecológico EMA

A grande maioria das plantas terrestres possui algum tipo de micorriza. Smith e Read (1997) relataram que membros da maioria das famílias de plantas formam micorrizas arbusculares (AM). Pensa-se que apenas algumas famílias de plantas não formam micorrizas, incluindo Brassicaceae (por exemplo, Arabidopsis, repolho), Caryophyllaceae (por exemplo, cravos) e Chenopodiaceae (por exemplo, espinafre). Smith e Read (1997) referiram que a especificidade do hospedeiro da MA parece ser muito baixa, uma vez que muitas espécies de

MA infectam uma vasta gama de plantas hospedeiras na estufa e no campo. Helgason *et al* (1999) referiram também que as plantas são geralmente infectadas por uma mistura de espécies de fungos AM, frequentemente num único rizoma. Embora a simbiose seja geralmente considerada benéfica em determinadas condições, o equilíbrio entre os simbiontes pode ser perturbado. Hendricks *et al* (1992) relataram que os fungos simbióticos podem reduzir o crescimento das plantas. Por outro lado, Bidartondo *et al* (2002) indicam que as plantas não fotossintéticas podem enganar o fungo para que este lhes forneça todos os nutrientes, incluindo os hidratos de carbono.

Os fungos micorrízicos arbusculares (FMA) têm uma influência direta na biodiversidade e na composição das comunidades vegetais em diferentes condições (Sanders e Koide, 1994; Zobel e Moora, 1997). A influência potencial das micorrizas na biodiversidade das plantas hospedeiras pode ser exercida pelos simbiontes dos FMA que são ecologicamente específicos, mas não têm preferências diferentes por hospedeiros, de modo têm um "efeito tampão" em condições extremas do solo. Os FMA podem reduzir a diversidade (rotação de espécies) das comunidades de plantas hospedeiras em ambientes heterogéneos e stressantes (McNaughton e Oesterheld, 1990; Johnson *et al.,* 1996). No entanto, Grime *et al* (1987) verificaram que os FMA podem aumentar a diversidade das comunidades vegetais, aumentando a densidade relativa das plantas subordinadas. Este efeito pode ser devido à utilidade dos FMA.

2.4 Caracterização das associações micorrízicas arbusculares

A natureza mutualista da interação dos FMA com as raízes das plantas permite-lhes desenvolverem-se nas raízes das plantas sem causarem sintomas de doença. Por conseguinte, são simbiontes obrigatórios que formam arbúsculos, grandes esporos polinucleares com paredes estratificadas e hifas não septadas nas raízes das plantas. Estas caraterísticas distinguem as micorrizas de outras associações de fungos com plantas. Segundo Varma (1995), estas relações são caracterizadas por um fluxo de componentes inorgânicos do fungo para a planta e de componentes orgânicos da planta para o fungo. Formam micélios em forma de leque que se estendem para além da zona radicular das plantas e fornecem-lhes diretamente nutrientes. Têm dois tipos de hifas extramétricas - hifas flutuantes e hifas absorventes com numerosos núcleos espalhados pelas hifas. As hifas flutuantes têm uma parede espessa e deslocam-se pelo solo em busca de outras raízes. As hifas estoloníferas penetram e crescem a partir de outras raízes e podem, até certo ponto, absorver nutrientes do solo. As hifas absorventes também se desenvolvem a partir de hifas de rebentos e são componentes do fungo que absorvem nutrientes do solo e os transportam para o hospedeiro simbionte.

Varma (1995) referiu que a penetração no córtex do hospedeiro é seguida de uma rápida disseminação intercelular e depois de uma penetração intracelular nas células do córtex. O resultado são "arbúsculos" que "exibem uma estrutura semelhante a uma árvore devido à ramificação de hifas intracelulares". Outra caraterística contrastante de certos FMA é a formação de vesículas. Uma vesícula é formada pelo inchaço extremidade de uma hifa inter ou intracelular, que tem uma estrutura semelhante a um saco e serve como um órgão de armazenamento a partir do qual os nutrientes são fornecidos diretamente à planta (Varma, 1995).

2.5 Classificação EMA

A história dos FMA começou em 1974, quando a maioria das espécies do género foram classificadas como *endogonales*, até Gerdemann e Trappe (1974) as classificarem em quatro géneros diferentes da ordem Endogonales (*Glomus, Sclerocystis, Gigaspora, Acaulospora*). Em 1990, Morton e Benny estabeleceram uma nova ordem "Glomales" dentro dos Zygomycotes, compreendendo seis géneros. Desde então, acumularam-se provas que demonstram que os FMA são diferentes dos outros zigomicotas. Não produzem zigósporos caraterísticos e, em todos os casos em que o modo de alimentação foi elucidado, formam simbioses maturais.

De acordo com SchuBler *et al* (2001), devido à sua filogenia de rDNA, os AMF são um grupo irmão dos Basidio- e Ascomycota e, como tal, não são monofiléticos com parte dos Zygomycota. Por conseguinte, os "glomales" foram elevados à categoria de uma estirpe do glomeromycota. Na mesma conclusão, o nome "glomales" foi corrigido para "glomerales". De um modo geral, as filogenias moleculares mostraram que a diversidade dos glomeromycota a nível de estirpe e de género é muito maior do que se esperava com base na observação microscópica da morfologia dos esporos (Redecker *et al.*, 2000; Schwarzott *et al.*, 2001).

As micorrizas dividem-se, grosso modo, em dois tipos: as ectomicorrizas e as endomicorrizas. A associação com fungos ectomicorrízicos é caraterística das árvores florestais, enquanto as endomicorrizas são caraterísticas da flora herbácea. Os FMA estão presentes na rizosfera do solo sob a forma de clamidósporos, zigósporos e azigósporos sob a forma de esporos dormentes. No entanto, a classificação moderna inclui três classes (*Archaeosporomycetes, Glomeromycetes* e *Paraglomeromycetes*), cinco ordens (*Archaeosporales, Diversisporales, Gigasporales, Glomerales* e *Paraglomerales*), 14 famílias, 29 géneros e cerca de 230 espécies (Morton e Redecker 2001; SchuBler *et al.*, 2001; Oehl e Sieverding, 2004; Walker *et al.*, 2004). Os géneros mais comuns de FMA são discutidos abaixo.

2.5.1 *Glomus*

Este é o maior género da tribo, com mais de 70 morfoespécies, que geralmente têm uma estrutura de parede multicamada em . São formados por brotamento a partir da ponta de uma hifa. O crescimento da hifa (ou hifa esporogénica) permanece frequentemente ligado ao esporo maduro. O esporo germina geralmente através desta hifa ou dos seus restos. Este tipo de esporulação é chamado glomóide, é simplesiomórfico e encontra-se em vários géneros diferentes, nomeadamente *Glomus, Paraglomus, Archaeospora, Pacispora, Diversispora* e *Geosiphon*. Alguns destes géneros foram separados de *Glomus* com base em dados filogenéticos moleculares (Schwarzott *et al.,* 2001).

2.5.2 *Gigaspora e Scutellospora.*

Estas espécies estão intimamente relacionadas com *a* família *Gigasporaceae*. Os esporos são formados no bolbo de uma célula esporogénica e germinam através de um orifício recém-formado na parede do esporo. Os dois géneros não formam vesículas nas raízes, e o micélio nas folhas tem as chamadas células acessórias cuja função é desconhecida. No entanto, *Scutellospora* pode ser distinguido das *espécies de Gigaspora* pela presença de esporos internos flexíveis. *Gigaspora*, por outro lado, germina através da parede do esporo após a formação de uma camada verrucosa dentro da parede do esporo em torno do ponto de penetração. Esta estrutura de camada verrucosa é também conhecida como "parede de germinação" (Spain *et al.*, 1989).

2.5.3 *Acaulospora* e *entrophospora*

Os esporos são formados perto da "súcula portadora de esporos". Esta súcula é destruída durante a maturação dos esporos e acaba por desaparecer. Todos os membros da família têm paredes internas flexíveis (paredes germinativas). A esfera germinativa é geralmente formada durante a germinação do esporo e é formada nas paredes internas, apresentando uma estrutura membranosa que facilita a penetração da parede externa do esporo. As Acaulosporaceae distinguem-se pela posição do saco de esporos. Em *Entrophospora*, ele é formado no interior da hifa subtropical, enquanto em *Acaulospora*, ele é formado lateralmente.

2.5.4 *Pacispora*

Este género foi recentemente estabelecido como uma espécie de fungos AM que formam esporos da mesma forma que *Glomus*, mas têm paredes internas flexíveis e uma esfera de germinação (Oehl e Sieverding, 2004). Walker *et al* (2004) referiram que este género é considerado basal para as *Gigasporaceae* no que diz respeito à filogenia do rDNA.

2.5.5 *Archaeospora*

Este género foi estabelecido para certos fungos AM que, dentro da estirpe, divergem fortemente em termos de filogenia de rDNA (Sawaki *et al.*, 1998; Redecker *et al.*, 2000; Morton e Redecker 2001). Por exemplo, *A. leptoticha* e *A. gerdemanii* são dimórficas e produzem tanto esporos glomoides como acaulosporóides. Os esporos *acaulosporóides* de Archaeospora têm várias caraterísticas que os *distinguem* dos *acaulospóricos*. A súcula portadora de esporos é separada das hifas por um pedúnculo curto. As paredes internas flexíveis são muito mais espessas *em A. leptoticha* e *A.* gerdemannii, não *são* coradas com o reagente de Melzer e aparentemente não estão envolvidas no processo de germinação.

2.5.6 Género *Geosiphon pyriformis*

É o único representante envolvido em diferentes tipos de simbiose (SchuBler *et al.*, 1994). Produz endocitoses contendo a cianobactéria *Nostoc punctiforme* e aloja estes fotobiontes em vesículas fúngicas de até 2 mm de diâmetro. Forma esporos glomoides e foi identificado pela primeira vez com base na filogenia do rDNA como um parente basal dos fungos AM (Gehrig *et al.*, 1996).

2.5.7 Género *Paraglomus*

Esta espécie produz pequenos esporos hialinos que não possuem as caraterísticas de microscopia ótica que os distinguiriam dos esporos das *espécies de Glomus*. Com base na filogenia do rDNA, é evidente que *Paraglomus* não está relacionado com outras *espécies de Glomus* e é o representante basal da estirpe (Redecker *et al.*, 2000). *Paraglomus* e *Archaeospora* têm em comum o facto de as suas estruturas intrarradicais se corarem pouco ou nada com o método padrão que utiliza corantes ácidos (azul de tripano, azul direto), geralmente utilizado em estudos sobre a colonização micorrízica. Graham *et al* (1995) referiram que a posição basal de *Archaeospora* e *Paraglomus* é apoiada por ácidos gordos únicos que não estão presentes noutros fungos glomeromicóticos.

2.6 Efeito dos FMA na fertilidade do solo e no crescimento das plantas

A maior parte dos estudos sobre os efeitos dos FMA na fertilidade do solo mostraram que a colonização dos FMA é maior em solos de baixa fertilidade do que em solos férteis (Gehring e Whitham, 1994). Os FMA fornecem fósforo às raízes das plantas infectadas. O fósforo, um elemento importante requerido pelas plantas, é geralmente escasso devido à sua imobilidade no solo e, consequentemente, mesmo quando aplicado na forma solúvel, é rapidamente imobilizado sob a forma de P orgânico, fosfato de cálcio ou outras formas sólidas (Jackson e Mason, 1984; Wetterauer e Killorn, 1996). Consequentemente, os FMA podem aumentar efetivamente a absorção de nutrientes, em especial de P e de outros micronutrientes.

Khanizadeh *et al* (1995) verificaram que a inoculação de FMA em combinação com P aumentou o peso seco e fresco dos rebentos, a área foliar e o número de folhas dos morangos, em comparação com o P isolado. Por outro lado, foi demonstrado que a infeção micorrízica inibe o crescimento das plantas em solos com um teor ótimo de P. Estes efeitos podem ser atribuídos à competição pelo carbono (C) entre a planta hospedeira e os fungos micorrízicos (Osonubi *et al.,* 1991). Osonubi *et al* (1991) também referiram que os fungos micorrízicos podem aumentar a absorção azoto e micronutrientes, melhorando assim o crescimento das plantas. Estes mecanismos de absorção de nutrientes podem ser explicados por dois cenários. Em primeiro lugar, as hifas do FMA servem para aumentar a área de superfície das raízes das plantas, explorando um grande volume de solo, aumentando assim a absorção de mais nutrientes. Em segundo lugar, o FMA pode estar envolvido no transporte de nutrientes das raízes das plantas infectadas para os rebentos, promovendo assim o crescimento das plantas (Osonubi *et al.,* 1991).

2.7 Destaque para o biochar

O bioaçúcar é o produto da decomposição térmica de matérias-primas de biomassa, tais como resíduos vegetais, resíduos florestais e de jardim e estrume animal, ausência parcial ou total oxigénio (Brown, 2009; Lehmann *et al.*, 2006). A matéria-prima é submetida a um processo denominado pirólise ou gaseificação, durante o qual as moléculas de biomassa são reorganizadas para produzir biochar preto e outros produtos (Brown, 2009). A transformação pode ocorrer por pirólise seca ou por "carbonização hidrotermal" húmida (Libra *et al.*, 2011).

◦◦O bioaçúcar produzido por pirólise é formado num ambiente pobre em oxigénio, à pressão atmosférica e a temperaturas entre 400 C e 800 C (Brown, 2009). ◦A formação de biochar hidrotérmico é obtida através do aquecimento da biomassa em água a alta pressão e a temperaturas de cerca de 200°C (Funke e Ziegler, 2010). O produto obtido pelo primeiro método é chamado de pirocarbono e o obtido pelo segundo método é chamado de hidrocarboneto. Libra *et al* (2011) referem que as diferenças nos processos de carbonização do biochar podem conduzir a diferenças nas propriedades físicas e químicas do solo, tais como o teor de nutrientes, os reservatórios de carbono lábil, a área de superfície, o volume dos poros e a capacidade de troca catiónica (CEC).

O biochar é distinto do carvão (Skjemstad *et al.,* 2002). O carvão foi formado por processos geológicos ao longo do tempo geológico. O biochar contém sempre alguma cinza, porque a biomassa é constituída outros elementos para além de C, H e o2. O biochar é composto por carbono estável em quantidades variáveis, ao passo que as cinzas não o são. O biocarvão aumenta a fertilidade sustentável devido ao seu elevado teor e nível de matéria orgânica (MO), P, N e Ca (Glaser *et al.*, 2001; Glaser, 2007, Glaser e Birk, 2011). Sabe-se que o biochar contém até 35% de MO e uma média de 50 Mg ha^{-1} de MO (Glaser *et al.,* 2001). Tryon (1948), Matsubara *et al* (2002), DeLuca *et al* (2006) e Gundale e DeLuca (2006) demonstraram que a adição de biochar ao solo tem uma influência positiva nas propriedades físico-químicas do solo e aumenta a concentração de nutrientes no solo, a atividade microbiana e, por conseguinte, o crescimento das plantas (Ishii e Kadoya, 1994). Ishii e Kadoya (1994) também referiram que a adição de biocarvão ao solo aumentava a produtividade da planta hospedeira, aumentava a concentração de nutrientes nos tecidos e aumentava a taxa de colonização das raízes da planta hospedeira por FMA.

2.8 História da utilização do biochar na agricultura

O biocarvão já era utilizado antes de 1697 como biocarvão de casca de arroz no Japão e noutras partes do mundo, na América e em Espanha. Desde então, o biocarvão tem sido utilizado na agricultura e na horticultura para melhorar a estrutura do solo, aumentar o teor de nutrientes e atividade microbiana (Ogawa e Okimori, 2010). A *terra preta* fértil da Amazónia Central é um solo escuro antropogénico representado pelos tipos Oxisol e Ultrasol (Brady e Weil, 2008). Os achados arqueológicos e a datação por C indicam que estes solos se formaram ao longo de miléniocerca de 9000 anos antes do presente (ybp). Este facto pode estar ligado a comunidades sedentárias dispersas, mas relativamente grandes, que foram provavelmente dizimadas por doenças ocidentais por volta de 1000 a.C. . Pode também estar relacionado com a incapacidade dos solos de reterem nutrientes vegetais com carga positiva; solos altamente lixiviados, ácidos e pobres em nutrientes, combinados com temperaturas e precipitações elevadas, impediram o estabelecimento de grandes sociedades organizadas na Amazónia na era pré-colombiana (Evans e Meggers, 1957). No entanto, a "redescoberta" dos *solos de terra preta*, iniciada há cerca de 40 anos, veio pôr em causa estas teorias (Sombroek, 1996).

O solo de terra preta formou-se, muito provavelmente, nas sepulturas de cozinha dos aborígenes, na sequência da acumulação de carvão vegetal e de resíduos alimentares e ósseos ricos em nutrientes (Lehmann *et al.,* 2003a). Posteriormente, a área foi novamente coberta por floresta natural, embora *a Terra Preta* esteja distribuída de forma desigual pelas áreas de habitação histórica, com uma média de 20 ha e, nalguns casos, até 350 ha (Smith *et al.*, 2009), levando a camada de carvão vegetal com cerca de 2 m de profundidade. Major *et al* (2005) referiram é difícil estimar a superfície total destes solos antropogénicos, uma vez que a maior parte deles está agora coberta por vegetação. No entanto, sabe-se que estes solos continuam a ser férteis até aos dias de hoje (Liang *et al.*, 2008). Séculos e milénios após a sua formação, *os solos de terra preta* crescem três vezes mais depressa do que os solos circundantes devido ao seu elevado teor de carvão vegetal (Glaser *et al.*, 2001).

A utilização da carbonização na gestão tradicional dos solos foi referida no passado (Young, 1804) ou atualmente (Lehmann e Joseph, 2009) noutros países. Parece provável que esta prática tenha sido omnipresente em todo o mundo ao longo da história e que haja mais provas no futuro. O Japão possui atualmente a maior instalação comercial de produção de biocarvão aplicação no solo, produzindo cerca de 15 000 toneladas por ano (Okimori *et al.*, 2003).

2.9 Matérias-primas para biochar

Qualquer biomassa que possa ser utilizada para a produção de biochar pode ser definida como matéria-prima para o biochar. Qualquer biomassa que possa ser utilizada para a produção de biocarvão pode ser definida como uma matéria-prima de biocarvão. As matérias-primas podem ser classificadas como biomassa primária produzida, ou seja, biomassa cultivada especificamente para conversão em biochar ou bioenergia, e biomassa residual. Exemplos de biomassa primária incluem switchgrass, espécies mistas de prados, *miscanthus,* algas e várias espécies arbóreas, enquanto a biomassa residual inclui resíduos de culturas (espigas, caules, etc.), estrume animal, resíduos florestais, lamas de depuração, resíduos florestais, resíduos sólidos urbanos triados e subprodutos. Embora não exista um consenso universal sobre o que é considerado resíduo, as espigas de milho, por exemplo, são atualmente deixadas nos campos para a erosão e melhorar a qualidade do solo (Verheijen *et al.*, 2009; NRDC, 2010).

2.10 Formas de produção de biochar

A produção de biocarvão pode ser dividida em três categorias: carvoarias móveis de pequena escala, instalações de pirólise e gaseificação em grande escala e carbonização hidrotérmica (NRDC, 2010). As instalações podem ter uma grande variedade de formas e dimensões, mas todas elas partilham pelo menos uma caraterística comum: um espaço de reação fechado no qual a carbonização tem lugar na ausência parcial ou total de O_2. Diferem apenas no seu nível de desenvolvimento técnico, que vai desde fornos manuais a instalações de grande escala e tudo o que está entre estes dois níveis. Um sistema de pequena escala inclui equipamento simples para a produção caseira de biochar e para a experimentação. Espera-se que as instalações de pirólise e gaseificação em grande escala processem 50 a 200 toneladas de biomassa seca por dia ou 10.000 a 100.000 toneladas por ano. Isto produz entre 3 500 e 35 000 toneladas de biochar por ano.

A pirólise é a carbonização ausência total de O2, enquanto a gaseificação é a carbonização na presença de pequenas quantidades O_2. A carbonização hidrotérmica é o processo de carbonização da biomassa na água. O Sistema de Produção e Utilização de Biochar (BPUS) inclui três componentes: Fornecimento e preparação de matérias-primas, processamento de matérias-primas e transporte e utilização de biochar. Foram desenvolvidos muitos tipos de digestores de biochar, mas nenhum é atualmente utilizado de forma generalizada nos países em desenvolvimento (Verheijen *et al.*, 2009).

2.11 Composição físico-química do biochar

Sohi *et al* (2009) referiram que o biocarvão é muito heterogéneo e consiste em componentes estáveis e lábeis. As principais propriedades do biocarvão são o valor do pH, o teor de voláteis, o teor de cinzas, a capacidade de retenção de água, a densidade aparente, a área de superfície específica e o volume dos poros (Antal e Gronli, 2003; Okimori *et al.*, 2003). Brown (2009) argumentou que estes componentes do biocarvão determinam em grande medida o comportamento químico e físico e o funcionamento do solo.

O biocarvão produzido a partir de resíduos de culturas (centeio e milho), estrume e algas é geralmente mais fino e menos durável (menor resistência mecânica), muito rico em nutrientes e, por conseguinte, mais facilmente degradado pelas comunidades microbianas do solo (Sohi *et al.*, 2009). Em contrapartida, o biocarvão obtido a partir de biomassa lenhosa é geralmente grosseiro e altamente resistente à degradação microbiana (Winsley, 2007). O teor total de carbono do biocarvão varia entre 172 e 905 g kg^{-1} para diferentes matérias-primas $^{(}$Chan e Xu, 2009). Chan e Xu (2009) referiram que o teor total de azoto do biocarvão pode variar entre 1,8 e 56,4 $g^{(-1)}$dependendo$^{)}$da matéria-prima. No entanto, a relação carbono:azoto (C:N) varia amplamente entre 7 e 500 (Chan e Xu, 2009). Chan e Xu (2009) também referiram que os teores de P total e K total do biochar variam muito em função da matéria-prima: 2,7 a 480 e 1,0 a 58,0 g kg^{-1}, respetivamente. A composição química complexa e heterogénea do biocarvão estende-se, por conseguinte, também à sua química de superfície, o que, por sua vez, explica a forma como o biocarvão interage com uma multiplicidade de compostos orgânicos e inorgânicos presentes no ambiente.

2.12 Efeitos do biochar na qualidade do solo e no rendimento das culturas

Os efeitos do biocarvão na qualidade do solo e no rendimento das culturas são geralmente positivos. A composição química, a química da superfície, a distribuição do tamanho das partículas e dos poros e os mecanismos de estabilização física e química do biocarvão no solo determinam o efeito do biocarvão nas funções do solo. Em geral, foram obtidos aumentos de rendimento consideráveis de até 300% em comparação com solos adequados não tratados quando o biocarvão foi aplicado no solo (Blackwell *et al.*, 2009; Lehmann e Rondon 2006; Peng *et al.*, 2011; Van Zwieten *et al.*, 2010). Os efeitos do biocarvão na qualidade do solo podem ser discutidos nas subsecções seguintes.

2.12.1 Efeito do biochar nas propriedades químicas do solo

+A adição de biochar ao solo modifica propriedades químicas importantes do solo, como o pH, a CTC, o P disponível, o Ca, a matéria orgânica, o Mn e o N, e reduz a toxicidade do Al, do S e do Zn. O pH do solo é geralmente neutro ou básico (Lucas e Davis, 1961); a CEC do solo aumenta geralmente (Liang *et al.*, 2006); Glaser *et al.* (2002a) registaram uma tendência para um aumento do P biodisponível e dos catiões em solos tratados com biochar. De acordo com Novak *et al* (2009), a aplicação de biocarvão em solos costeiros ácidos o pH, o MOS, o Mn e o Ca e reduziu a toxicidade do Zn e do S. O biocarvão tem sido utilizado como fertilizante agrícola.

2.12.2 Influência do biochar nas propriedades físicas do solo

O biochar tem uma baixa densidade e uma elevada porosidade e pode reter grandes quantidades de água quando aplicado no solo. Pode também melhorar os parâmetros físicos do solo (Briggs *et al.*, 2005; Tryon, 1948), como a molhabilidade do solo, a infiltração de água, a retenção de água, a macro-agregação e a estabilidade do solo, que são essenciais em condições tropicais para a proteção contra a erosão, a atenuação da seca, a perda de nutrientes e a qualidade das águas subterrâneas. Chan *et al* (2007) referiram no seu estudo que a adição de biochar aos solos melhorou a textura e o comportamento dos solos duros, com uma diminuição significativa da resistência à tração em doses mais elevadas aplicação de biochar. Por exemplo, o antrossolo rico em carvão vegetal na Amazónia tinha uma área de superfície três vezes superior à dos solos circundantes e uma capacidade de campo 18% superior.

2.12.3 Influência do biochar nas propriedades biológicas do solo

O solo é um habitat altamente complexo e dinâmico para os organismos, contendo muitos nichos diferentes devido à sua incrível heterogeneidade a todos os níveis. Saito e Marumoto (2002) referiram que a estrutura do biocarvão proporciona um refúgio para pequenos organismos benéficos para o solo, como os fungos micorrízicos simbióticos, que podem penetrar profundamente no espaço poroso do biocarvão, e as hifas fúngicas extra-radiais, que esporulam nos microporos do biocarvão, onde a concorrência dos saprófitos é menor. A taxa de crescimento dos microrganismos nestes microporos é provavelmente limitada, uma vez que dependem da difusão para transportar nutrientes e gases essenciais. Por conseguinte, os micróbios que utilizam estes refúgios não dependem muito provavelmente da decomposição do biocarvão como fonte de energia. Isto explica provavelmente o aumento da biomassa microbiana (Steiner *et al.*, 2008; Kolb *et al.*, 2009), a capacidade de retenção de água e a atividade microbiana básica (Steiner *et al.*, 2008; Kolb *et al.*, 2009).

Verificou-se que a adição de biochar ao solo esterilizado não estimulou o crescimento da luzerna, mas que o crescimento aumentou por um fator de 1,8 quando foi adicionado solo não esterilizado contendo fungos micorrízicos nativos. Como resultado, o efeito positivo no rendimento foi obtido pela interação entre o biochar e a biota do solo e não pelo biochar sozinho (Nishio, 1996). Por conseguinte, existem alguns indícios de que o efeito positivo do biocarvão na produção vegetal pode estar ligado a um aumento das associações micorrízicas (Nishio e Okano, 1991). Harvey *et al* (1976), Ishii e Kadoya (1994) e Vaario *et al* (1999) referiram que o biocarvão no solo tem um forte efeito positivo na abundância de micorrizas. Warnock *et al* (2007) apresentaram hipóteses sobre possíveis mecanismos e classificaram-nas da seguinte forma, por ordem decrescente dos dados experimentais disponíveis.

- Alterações das propriedades físico-químicas do solo.
- Efeitos indirectos nas micorrizas efeitos noutros micróbios do solo
- Influência dos fungos na transmissão de sinais pelas plantas e na desintoxicação de aleloquímicos no biochar
- Proteção contra os comedores de cogumelos

2.13 Vantagens gerais da BioBall

As vantagens do biochar para a agricultura e a proteção do ambiente podem ser enumeradas do seguinte modo

- Fornece importantes serviços ecossistémicos como benefícios adicionais.
- Assegura uma biodiversidade limpa no solo e à superfície.
- Oferece oportunidades económicas sustentáveis para a indústria regional e rural.
- Oferece oportunidades para a reciclagem judiciosa de certos resíduos municipais e industriais.
- Melhoria da qualidade dos solos, recuperação de solos degradados e aumento da produtividade agrícola através de .
- Contribuir para a redução do dióxido de carbono na atmosfera.

2.14 Efeito do biochar na fixação do carbono no solo

A estabilidade do carbono do biochar é um fator essencial para o seu papel de grande sumidouro de CO_2 e para a sua função agronómica. O desequilíbrio significativo entre o carbono emitido para a atmosfera e o carbono absorvido pelos compartimentos conduz a um aumento constante do CO_2 atmosférico, correspondendo a uma taxa de 4,1 a 109 toneladas de carbono por ano (IPPC, 2007). Tim-Lentan (2009) considera o biochar uma das melhores soluções tecnológicas para a redução do CO_2 e explica que o biochar tem o potencial de absorver quase 400 mil milhões de toneladas de carbono até 2100 e reduzir a concentração de CO_2 na atmosfera em 37 partes por milhão. O biochar pode permanecer no solo durante milhares de anos devido à sua resistência à decomposição microbiana e à mineralização, podendo conduzir não só a uma absorção líquida de CO_2 (Woolf *et al.*, 2010), mas também a uma redução outros gases com efeito de estufa (GEE) mais potentes, como o CH_4 e o N_2O (Spokas *et al.*, 2009). O aumento do sequestro de carbono no solo pode conduzir a uma melhor qualidade do solo, uma vez que o carbono desempenha um papel crucial nos processos químicos, físicos e biológicos do solo e nas interações interfaciais.

CAPÍTULO 3

METODOLOGIA

3.1 Local de ensaio

A experiência foi realizada em 2013/2014 na quinta de ensino e investigação da Universidade Federal Agricultura, Abeokuta, no Estado de Ogun, Nigéria, que se situa no sudoeste da Nigéria, na zona de transição. °° Situa-se entre a latitude 7 12' N e a longitude 3 20' E.°° A temperatura mensal varia entre 24,9 C e 31,5 C (Oluwole *et al.*, 2009) e a precipitação média anual é de 1156 mm (Aladenola e Adeboye, 2010).

3.2 Produção de biopartilha

As espigas de milho para a produção de biocarvão foram recolhidas em Dambatta, no Estado de Kano. °°O biocarvão foi produzido por gaseificação a temperaturas entre 300 e 400 graus Celsius (Xu *et al.*, 2012). Para o efeito, foram introduzidas espigas de milho através de uma pequena abertura na parte superior do barril. As espigas de milho foram queimadas na presença uma pequena quantidade de O2, como mostra a Figura 1. O produto obtido após a combustão foi pulverizado, peneirado através de um crivo de 2 mm e cuidadosamente misturado obter uma amostra homogénea que foi utilizada como biochar (Figura 2). Foi determinada a composição química do biochar, nomeadamente pH, carbono orgânico, N, P total, K, Mg e Fe.

Quadro 1: Produção de biochar num barril pelo método de gaseificação

Quadro 2: Biochar moído após fabrico

3.3 Multiplicação do FMA

Para propagar a EMA existente, foi mantida uma cultura de sorgo na peneira durante seis semanas. *O Sorghum bicolor* foi plantado em baldes de areia de rio esterilizada. A inoculação com FMA (*Glomus mosseae*) foi efectuada a uma taxa de 40 g de inóculo de FMA por 5 kg de areia de rio esterilizada. O inóculo puro de FMA foi obtido no Instituto Internacional de Agricultura Tropical (IITA), Ibadan, Nigéria. Após seis semanas, a cultura foi submetida a stress hídrico, provocando o murchamento do rebento. No entanto, o rebento foi retirado e deitado fora, e o solo foi cuidadosamente misturado (inóculo de FMA) com as raízes de sorgo e utilizado para inocular plantas de viveiro de tomate para ensaios em estufa e no campo. Todo o trabalho foi efectuado em condições assépticas.

3.4 Jardim de tomates

As multiplicações AMF/esporos obtidas multiplicações AMF foram inoculadas no solo durante a plantação no viveiro a uma taxa de 80 g por 5 kg de solo esterilizado, enquanto a outra parte não foi inoculada para cada um dos dois genótipos de tomate. O solo superficial foi retirado da proximidade da parcela Fadama FUNAAB, a uma profundidade de 0-20 cm, e depois esterilizado. Os genótipos de tomate "Ex-Lafia" e "Ex-Lokoja" foram adquiridos agricultores locais em Lafia e Lokoja, nos Estados de Nassarawa e Kogi, na Nigéria. As sementes de tomate foram plantadas em tabuleiros de sementes, irrigadas com água esterilizada e incubadas durante 4 semanas, após o que as plântulas foram transplantadas para o campo e para a estufa.

3.5 Ensaio 1: Aplicação de bio-substrato e inoculação de FMA em genótipos de tomateiro de estufa

O biocarvão foi espalhado duas semanas antes da transplantação em 5 kg de solo superficial esterilizado a taxas de 0, 5, 10, 15 e 20 t ha^{-1}, cuidadosamente misturado com todos os componentes do solo em baldes, e depois foi plantado um tomateiro por balde. O solo superficial foi recolhido perto da parcela Fadama do FUNAAB, a uma profundidade de 0 a 20 cm, e depois esterilizado. O ensaio foi conduzido durante três meses na estufa e foi montado numa construção de factores 2^5x2 num desenho totalmente aleatório com três repetições, como se mostra na Figura 3. Os factores foram dois genótipos de tomate, cinco taxas de aplicação de biochar e dois níveis de tratamento micorrízico (com e sem FMA).

3.6 Ensaio 2: aplicação de bio-substrato e inoculação de FMA em genótipos de tomateiro em condições de campo

A superfície total da parcela era de 315 m^2, o tamanho das subparcelas era de 2 m x 1 m e a distância entre e dentro das subparcelas era de 1 m. As plantas foram espaçadas de 30 cm. A distância entre plantas era de 30 cm, e dentro das subparcelas havia dezoito plantas por subparcela. O campo foi dividido em parcelas com dois genótipos de tomate nas parcelas principais, cinco taxas de aplicação de biochar (0, 5, 10, 15, 20 t $h^{-1)}$ em parcelas adicionais e dois níveis de inoculação de AMF (com e sem) em parcelas adicionais. Biochar foi aplicado duas semanas antes do transplante, como mostrado na Figura 4. A figura 5 mostra plantas de tomate a 8 W durante o ensaio de campo.

A monda foi efectuada manualmente nas semanas 4 e 8, e a cipermetrina foi aplicada com um pulverizador de mochila nas semanas 2, 6 e 9, a uma taxa de 450 ml de substância ativa por 100 litros água por hectare de terra. O ensaio de campo foi interrompido quando os tomates deixaram de produzir frutos quantitativos.

Painel 3: Cama tratada com biochar 2 semanas antes da plantação no campo.

Quadro 4: Plantas de tomate a 8 W num ensaio de campo

3.7 Recolha de amostras de solo, rebentos e raízes

As amostras de solo para análise foram recolhidas antes da plantação e após a colheita. Na estufa, o solo da rizosfera foi escavado com raízes e rebentos de tomate de cada balde a uma profundidade de cerca de 0-20 cm, e nos ensaios de campo, o solo da rizosfera de seis plantas na fila do meio de cada vagem foi escavado com plantas inteiras de tomate a uma profundidade cerca de 0-20 cm. ◦Os rebentos foram secos ao ar, depois secos na estufa a 60 C durante 24 horas, o peso médio foi calculado e depois cortado para determinar o teor de P dos rebentos. Tomou-se o peso seco médio das raízes de três plantas e as outras três plantas foram utilizadas para estudos de colonização radicular por FMA, e os solos rizosféricos foram utilizados para a contagem de esporos de FMA.

Foi recolhido um outro conjunto amostras de solo de cada balde e de seis pontos diferentes em cada subbalde no campo avaliar certas propriedades químicas e biológicas, nomeadamente o carbono orgânico, o pH do solo, o P disponível, o carbono da biomassa microbiana e o azoto da biomassa microbiana. °As amostras de solo para a determinação da contagem de esporos AM, do carbono da biomassa microbiana do solo e do azoto da biomassa microbiana foram armazenadas num frigorífico a 4°C antes do tratamento, enquanto as amostras de raízes foram armazenadas em etanol a 50% antes do tratamento.

3.8 Deteção e identificação de esporos AM no solo

Os esporos de MPA foram extraídos de 25 g de amostras de solo secas ao ar por peneiração húmida e decantação, seguida de centrifugação num gradiente de densidade de sacarose (Daniels e Skipper, 1982). |A amostra de solo foi colocada numa série de peneiras de solo dispostas por ordem decrescente de diâmetro de malha, ou seja, 450, 100, 53 de tamanho de peneira. Os esporos que ficaram nos peneiros de 100 e 53 foram lavados com as partículas finas do solo e centrifugados durante 2 minutos a 2500 rpm; o sobrenadante foi rejeitado. Adicionou-se uma solução de sacarose (40%) ao sedimento, misturou-se bem e centrifugou-se durante 2 minutos a 2500 rpm. As partículas de solo depositaram-se no fundo e os esporos flutuaram até ao bordo das soluções de sacarose. Os esporos puros foram extraídos colocando a camada de sacarose numa peneira limpa de 53 mesh e lavando várias vezes com água. Os esporos do FMA foram contados num estereomicroscópio com uma ampliação de 40x, tal como descrito por Dare *et al.* (2013), e identificados morfologicamente com base na cor, forma, fixação de hifas e número de esporos por 25 g de solo seco ao ar.

3.9 Determinação da colonização radicular por AM

Para o estudo da colonização por FMA segundo o método de Phillips e Heyman (1990), foram selecionados aleatoriamente cerca de 20 pedaços de raízes de 1 cm de comprimento de cada balde e três plantas de cada subparcela, que foram conservados em etanol a 50%. As amostras de raízes conservadas em etanol a 50% foram cuidadosamente lavadas, depois colocadas em KOH a 10%, aquecidas num banho de água durante 15 minutos e enxaguadas. As amostras de raízes foram então coradas com uma mistura 1:1:1 de glicerol, ácido lático e água destilada e uma solução de azul de metilo a 0,0%, aquecida durante 5 minutos e novamente lavada. Foi adicionada glicerina (50%) para preservar as amostras de raízes, que foram depois montadas em lâminas montadas para visualizar a estrutura do fungo. A colonização fúngica do AM foi quantificada pela presença/ausência de arbúsculos, hifas ou vesículas (McGonigle *et al.*, 1990), e a percentagem de colonização radicular do AM foi determinada da seguinte forma:-

.

$$\text{AM root colonization (\%)} = \frac{\text{Number of roots colonised}}{\text{Total number of roots examined}} \times 100$$

Análises físico-químicas e biológicas dos solos

As amostras de solo foram analisadas em relação a certas propriedades físico-químicas, como o pH do solo numa suspensão solo/água 1:1 (Bates, 1954), o carbono orgânico pelo método de oxidação Wakley-Black (Juo, 1979), o azoto total (N) pelo método de microdestilação Kjeldahl (Jackson, 1962) e o P disponível pelo método Bray-1 (Bray e Kurtz, 1966). O P do rebento foi determinado pelo método do amarelo de vanadomolibdato (Motomizu *et al.*, 1983). O tamanho das partículas foi analisado utilizando o método hidrométrico de Bouyoucos (1962), citado em Jaiswal (2004). O carbono da biomassa microbiana (CBM) e o azoto da biomassa microbiana (NBM) foram determinados a partir de 10 g de amostra de solo seco, peneirado até à granulometria de 2 mm, por extração com clorofórmio e fumigação, de acordo com Vance *et al.* (1987). As análises de rotina, o carbono orgânico, o P disponível e o pH do solo foram efectuados no laboratório de gestão do solo e da terra da FUNAAB, enquanto o MBC, o MBN e o P do rebento foram determinados no laboratório de microbiologia do Instituto de Investigação e Formação Agrícola (IAR&T) em Ibadan, Nigéria.

3.10 Parâmetros agronómicos

Foram determinados parâmetros agronómicos como a altura da planta (cm), o número de folhas, o peso fresco do fruto (t ha^{-1}), o peso seco do caule (kg $ha^{(-1))}$ e o peso seco da raiz (kg $ha^{(((-1))}$)))). A altura da planta e o número de folhas foram determinados aos 2, 4, 6, 8, 10 e 12 W (FAO, 1980). A altura da planta foi medida com uma fita métrica e o número de folhas foi contado manualmente. O peso fresco dos frutos (rendimento) dos tomates completamente maduros (tomates vermelhos) foi determinado com uma balança. ◦O peso seco dos rebentos e das raízes foi determinado por secagem ao ar, seguida de secagem em estufa a 60 C durante 24 horas.

3.11 Análise de dados

Os dados do estudo foram submetidos a uma análise de variância (ANOVA) separada utilizando o PROC GLM no SAS (SAS Institute, 2001) para calcular os quadrados médios para cada um dos tratamentos experimentais. As médias foram separadas usando o teste DMRT de Duncan de intervalo múltiplo, com um nível de significância de 5%.

CAPÍTULO 4

4.0 RESULTADOS E DISCUSSÃO

4.1 Caraterísticas físico-químicas e microbiológicas dos solos utilizados para o estudo em condições de campo e de seleção

|O solo do campo tinha um pH de 6,8 em H_2O (1:1, 778 g kg^{-1} de areia, 134 g kg^{-1} de argila, 88 g kg[(1)] de silte, 1,48% OC, 0,21% N, 10,13 µg kg^{-1}P disponível, 293,59 µg g-1 MBC, 135,75 µg g^{-1}MBN e 27 esporos AM / 25 g de solo (Tabela 1). O solo peneirado, por sua vez, tinha um pH de 7,2 em H_2O (1:1), 838 g kg^{-1} de areia, 114 g kg^{-1} de argila, 48 g kg-1) de silte, 1,04% OC, 0,22% N, 9,96 µg kg^{-1}P disponível (Tabela 1). As propriedades químicas de ambos os solos mostraram que o pH era neutro a ligeiramente alcalino. A textura do solo foi definida como franco-argilosa arenosa no campo e franco-argilosa arenosa na peneira. O teor de CO era moderado, o teor de N em % e o teor de P disponível eram médios.

Quadro 1: Caraterísticas físico-químicas e microbiológicas dos dois solos utilizados no estudo.

Properties	Field soil	Screenhouse soil
pH_{H_2O} (1:1)	6.8	7.2
Sand g kg^{-1}	778	838
Clay g kg^{-1}	134	114
Silt g kg^{-1}	88	48
Textural class	Sandy loam	Loamy sand
O C %	1.48	1.04
N %	0.21	0.22
Available P (mg kg^{-1})	10.13	9.96
MBC(ug g^{-1})	293.59	-
MBN(ug g^{-1})	135.	-
Number of AM spores per 25 g dry soil	27	-

= = = = = OC Carbono orgânico, N Azoto, P Fósforo, MBC Carbono microbiano na biomassa, MBN Azoto microbiano na biomassa.

4.2 Propriedades químicas do biochar utilizado no estudo

biochar de sabugo de milho utilizado neste estudo tinha um pH de 10,2 em H_2O (1:1), 14,4%

de CO, 1,94% de N, 31,00 mg kg^{-1} de P total, 2,29% de K, 0,022% de Mg e 0,13% de Fe (Tabela 2). Assim, o biochar apresentava um teor elevado de P total, um teor muito elevado de CO e N um pH muito fortemente alcalino (10,2). +O biochar apresentava também teores muito baixos e muito elevados de $Mg^{(2+)}$ e K permutáveis, respetivamente.

Quadro 2: Propriedades químicas do biochar utilizado no estudo.

Parameters	Biochar
pH H_2O(1:1)	10.12
O C%	14.4
N%	1.94
Total P (mgkg^{-1})	31.00
K (%)	2.29
Mg (%)	0.022
Fe (%)	0.13

4.3 Experiência 1: Efeito da aplicação de biossubstrato e da inoculação de FMA nas propriedades agronómicas, químicas e biológicas do solo de genótipos de tomateiro em estufa.

4.3.1 Altura da planta

Verificou-se que a inoculação micorrízica teve pouco ou nenhum efeito na altura das plantas por semana, exceto a 12 W, onde as plantas sem micorrizas eram significativamente mais altas do que as tratadas com micorrizas (Quadro 3). O efeito insignificante da inoculação de micorrizas na altura da planta pode ser explicado pelo facto de que o novo ambiente criado pelo biochar resultou numa função deficiente do AMF, uma vez que *Glomus* spp. absorveu menos nutrientes devido ao maior fornecimento de nutrientes pelo biochar. Abbott e Robson (1991) relataram uma diminuição na colonização micorrízica de plantas de amendoim, enquanto P. Sanchez e Salinas (1981) provavelmente atribuíram essa diminuição à alta fertilidade do solo, que reduziu a dependência das plantas de micorrizas e, portanto, limitou o desenvolvimento desses fungos à casca da raiz. Abdullahi e Sheriff (2013) também não encontraram diferença significativa na altura da planta bulbosa entre plantas micorrizadas e não micorrizadas a 4 W. No entanto, Kuyper *et al* (2004) argumentaram que os factores ambientais influenciam o desenvolvimento de FMA e a colonização fúngica nas raízes.

<Todas as taxas de aplicação de biochar aumentaram significativamente a altura das plantas em comparação com o controlo (p *0,05*), exceto para 12 W, onde não se observou nenhum efeito significativo entre as taxas de aplicação de biochar e o não tratado (controlo). Este efeito significativo das plantas de tomate em vaso tratadas com biochar em comparação com o controlo pode ser prejudicial, uma vez que as plantas mais altas são vulneráveis a ventos fortes e à chuva e, na maioria dos casos, formam poucas folhas, o que tem um efeito negativo no rendimento. Um resultado semelhante foi obtido por Khan *et al* (2008), que encontraram um aumento na altura das plantas após a utilização de biochar e atribuíram-no ao efeito positivo do biochar na disponibilização de nutrientes importantes para o crescimento vegetativo. Do mesmo modo, o biocarvão de casca de arroz, testado no ciclo da alface-repolho, aumentou a biomassa final, a biomassa radicular, a altura das plantas e o número de folhas em comparação com o tratamento sem biocarvão (Carter *et al.*, 2013).

O genótipo ex-Lokoja foi significativamente ($p<0,05$) superior ao genótipo ex-Lafia a 6, 8, 10 e 12 W. Da mesma forma, foi observada uma sinergia significativa entre *o genótipo* e o FMA e entre o biochar e o FMA a 2 e 12 W, respetivamente. O ex-Lafia sem micorrizas produziu plantas significativamente mais altas do que as outras combinações de tratamento aos 2 WAT (Figura 1), enquanto a interação entre biochar e AMF na altura das plantas aos 12 WAT mostrou que 15 t ha $^{-1}$ de biochar aplicado a parcelas não micorrizadas produziu as plantas mais altas (Figura 2)

Quadro 3: Efeito do genótipo, do biochar e da vacinação contra o FMA na altura das plantas

Tomate na porta de ecrã.

	Plant height (cm)					
	2 WAT	4 WAT	6 WAT	8 WAT	10WAT	12WAT
Genotype (G)						
Ex-Lafia	22.30[a]	45.87[a]	57.37[b]	64.97[b]	79.47[b]	85.10[b]
Ex-Lokoja	23.53[a]	47.03[a]	66.47[a]	78.30[a]	89.70[a]	97.63[a]
SE±	0.62	1.19	1.4	1.68	2.41	2.68
Biochar rate(B) t ha $^{-1}$						
0	19.25[b]	37.92[b]	54.50[c]	65.08[b]	80.00[b]	88.50[a]
5	25.50[a]	49.17[a]	63.67[ab]	72.75[ab]	79.50[b]	89.58[a]
10	23.42[a]	47.75[a]	61.00[b]	70.83[ab]	87.42[ab]	93.25[a]
15	23.00[a]	47.92[a]	63.67[ab]	72.92[ab]	83.25[ab]	91.33[a]
20	23.42[a]	49.50[a]	68.42[a]	76.58[a]	92.75[a]	94.17[a]
SE±	0.98	1.88	2.21	2.66	3.82	4.24
AMF (A)						
+	22.20[a]	47.17[a]	62.73[a]	72.13[a]	82.33[a]	86.63[b]
-	23.63[a]	45.75[a]	61.10[a]	71.13[a]	86.83[a]	96.10[a]
SE±	0.62	1.19	1.4	1.68	2.41	2.68
Interaction						
G*B	ns	ns	ns	ns	ns	ns
G*A	*	ns	ns	ns	ns	ns
B*A	ns	ns	ns	ns	ns	*
G*B*A	ns	ns	ns	ns	ns	ns

<+Valores na mesma coluna com as mesmas letras não são significativamente diferentes de acordo com *teste de intervalo múltiplo de Duncan* a *(p 0,05)*. ns, não significativo; *, significativo a *p<0,05*, WAT (semanas após o transplante), - não inoculado, inoculado.

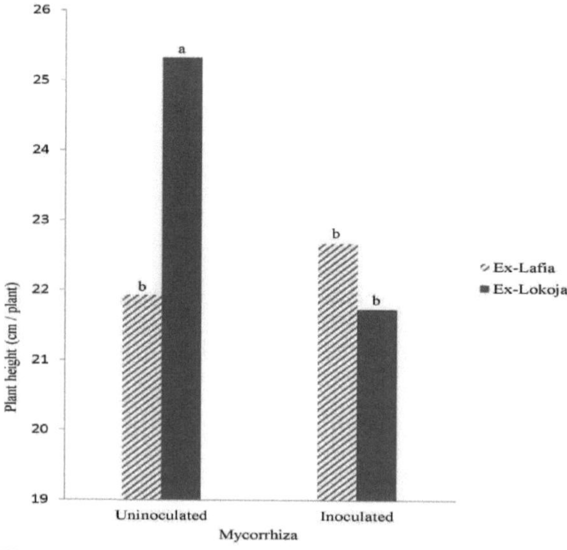

Figure 1: Altura das plantas de tomate em função da interação entre o FMA e o genótipo a 2 WAT no ecrã.

Figure 2: Altura das plantas de tomate em função da interação entre o FMA e o biochar 12 intervenções WAT no ecrã.

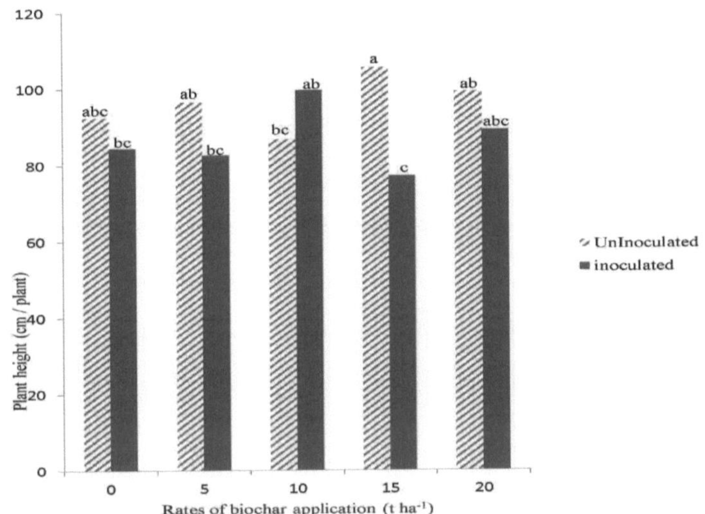

4.3.2 Número de folhas

<O número de folhas foi significativamente (p *0,05*) mais elevado nas plantas micorrizadas do que nas plantas não micorrizadas a 10 W, embora não tenha sido significativo nas outras semanas (Quadro 4). Resultados semelhantes foram obtidos para o milho (Kothari *et al.*, 1990), a alface (Tobar *et al.*, 1994) e o milho (Subramanian *et al.*, 1995).

O consumo de açúcar orgânico seguiu uma tendência semelhante à observada anteriormente: as culturas de controlo foram significativamente inferiores aos outros tipos de açúcar orgânico. No entanto, as taxas de aplicação 5, 10, 15 e 20 t ha^{-1} foram comparáveis a 2, 4 e 8 W, e as taxas de aplicação 10, 15 e 20 t ha^{-1} foram comparáveis a 10 e 12 W em termos de número de folhas. Carter *et al* (2013) relataram que a casca de arroz biochar testado no ciclo alface-repolho aumentou o número de folhas em comparação com nenhum biochar.

O genótipo Ex-Lafia foi significativamente ($p<0,05$) superior ao genótipo Ex-Locoge no número de folhas apenas a 4 W. Foram observadas interações significativas entre genótipo e biochar a 4 W, entre genótipo e FMA a 2 W, e entre genótipo, biochar e FMA a 4 W (Tabela 4). A figura 3 mostra a interação entre o genótipo e o FMA no número de folhas, com o genótipo Ex-Lafia a produzir mais folhas (10,27/planta) quando inoculado com micorrizas. A figura 4 mostra uma interação significativa entre o genótipo e o biocarvão no número de folhas durante 4 semanas, com o genótipo Ex-Lafia a produzir mais folhas (14,33/planta) quando o biocarvão é aplicado uma taxa de 10 t ha^{-1}. A Figura 5 mostra uma interação significativa entre biochar, genótipo e AMF no número de folhas após 4 anos. Os resultados mostraram que para os genótipos Ex-Lafia e Ex-Lokoja, que receberam 10 t ha^{-1} e 15 t ha^{-1} de biochar respetivamente, ambos sem inoculação de micorrizas, o número de folhas foi maior (15/planta em cada caso) do que para as outras combinações de tratamento.

Tabela 4: Efeito do genótipo, do biochar e da inoculação com FMA no número de folhas das plantas de tomate em estufa.

	Number of leave					
	2 WAT	4 WAT	6 WAT	8 WAT	10WAT	12WAT
Genotype (G)						
Ex-Lafia	9.77^{a}	13.53^{a}	15.77^{a}	22.77^{a}	31.47^{a}	29.53^{a}
Ex-Lokoja	9.40^{a}	12.70^{b}	15.17^{a}	22.03^{a}	28.17^{a}	27.00^{a}
SE±	0.17	0.22	0.35	0.69	1.28	1.12
Biochar rate(B) t ha^{-1}						
0	8.83^{b}	11.83^{b}	14.75^{a}	19.83^{b}	25.17^{b}	25.67^{b}
5	10.08^{a}	13.50^{a}	15.50^{a}	21.33^{b}	28.25^{ab}	26.17^{b}
10	9.58^{ab}	13.25^{a}	15.92^{a}	23.08^{ab}	31.50^{a}	29.25^{ab}
15	9.83^{a}	13.67^{a}	15.50^{a}	23.00^{ab}	30.58^{ab}	28.17^{ab}
20	9.58^{ab}	13.33^{a}	15.67^{a}	24.75^{a}	33.58^{a}	32.08^{a}
SE±	0.28	0.36	0.53	1.10	2.02	1.77
AMF (A)						
+	9.73^{a}	12.80^{a}	15.37^{a}	22.50^{a}	31.87^{a}	28.87^{a}
-	9.43^{a}	13.43^{a}	15.57^{a}	22.30^{a}	27.77^{b}	27.67^{a}
SE±	0.17	0.22	0.35	0.69	1.28	1.12
Interaction						
G*B	ns	*	ns	ns	ns	ns
G*A	**	ns	ns	ns	ns	ns
B*A	ns	ns	ns	ns	ns	ns
G*B*A	ns	*	ns	ns	ns	ns

<+ Os valores na mesma coluna com as mesmas letras não são significativamente diferentes de acordo com o *teste de intervalo múltiplo de Duncan* a *(p 0,05)*.ns, não significativo; *, **, significativo a $p<0{,}05$ e $p<0{,}01$ respetivamente; WAT (semanas pós-transplante), - não vacinado, vacinado.

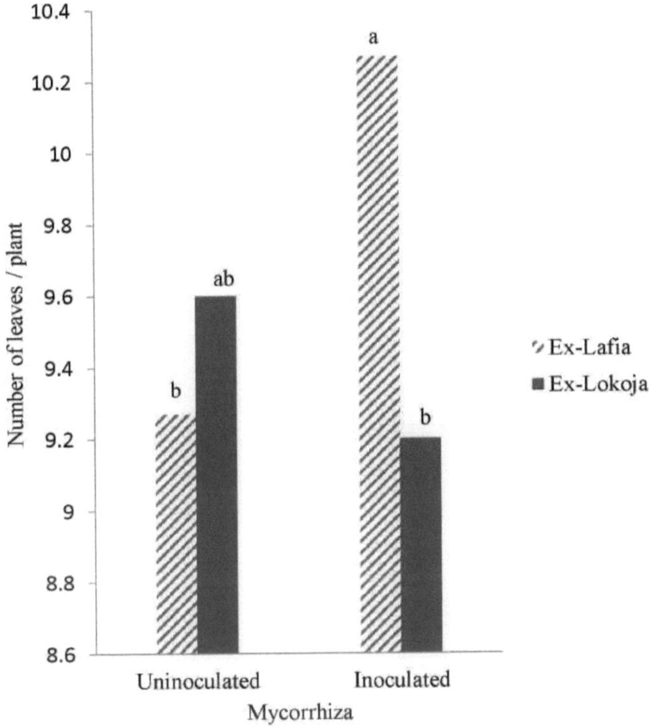

Figure 3: Número de folhas das plantas de tomate em função da interação entre o FMA e o genótipo a 2 W na estufa.

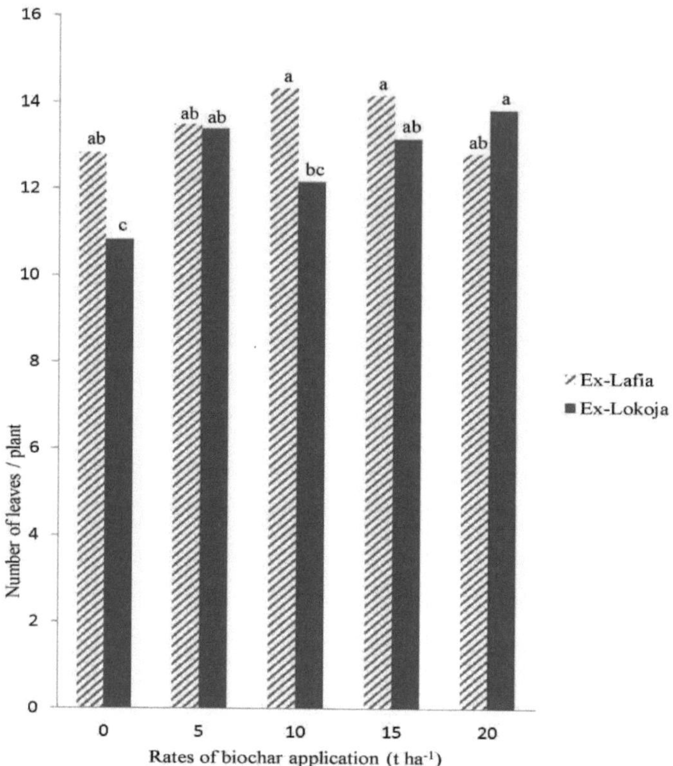

Figura 4: Número de folhas de tomateiro em função da interação entre genótipo e O biochar flui durante 4 WAT no ecrã.

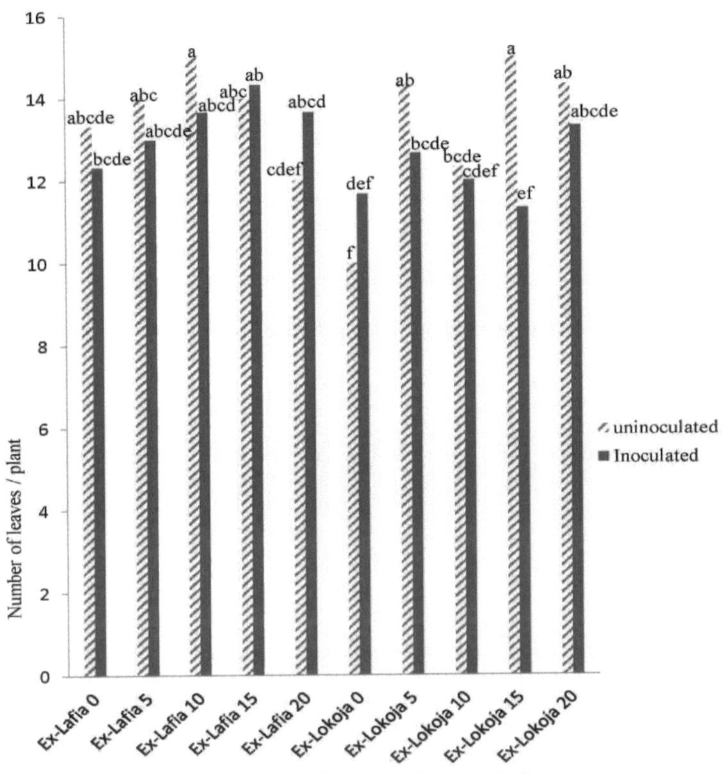

Figura 5 Folhas do tomateiro em função da interação AMF, genótipo e quantidade fertilizante orgânico em 4WAT na estufa.

4.3.3 Colonização radicular AM

<A colonização da raiz por micorrizas foi significativamente *(p 0,05)* maior em plantas inoculadas com AM do que em plantas não inoculadas com micorrizas (Tabela 5). Este resultado é consistente com o de Gupta *et al* (2002), que relatou uma maior colonização de raízes por AM em *Mentha arvensis* L. inoculada com micorrizas do que em plantas não micorrizadas. As raízes foram significativamente mais colonizadas por 20 t ha^{-1} de biochar (46,25%/planta) do que no controlo (Quadro 5). Este efeito foi mais pronunciado quando foram aplicadas 20 t ha^{-1}, embora comparável a 10 t ha^{-1} e 15 t ha^{-1}. Isto pode dever-se ao

elevado teor de nutrientes, que pode atrair fungos para formar simbioses com as plantas de tomate. Foi demonstrado que o biochar aumenta a colonização das raízes por fungos micorrízicos e cria um microambiente no solo (Warnock *et al.* 2007). Num estudo realizado na Austrália Ocidental, foi relatado que a adição de biochar aumentou a colonização do solo por fungos micorrízicos (Blackwell *et al.* 2007). Solaiman *et al* (2010) descobriram que a colonização AD do trigo cultivado sob condições de stress hídrico intermitente e bem irrigado foi significativamente aumentada pelo tratamento com biochar.

Não foram observadas diferenças significativas na colonização radicular entre os dois genótipos de tomate. A interação entre genótipos, biochar e AMF para a colonização radicular por AM não foi significativa.

4.3.4 Rendimento de matéria seca

O biochar e o AMF não influência significativa na produção de matéria seca de rebentos e raízes no ensaio de seleção (Quadro 5). Um resultado semelhante foi obtido por Ebrahim e Nasser (2013), segundo os quais os tratamentos micorrízicos não influência significativa no rendimento de matéria seca de rebentos e raízes de plantas de tomate. Não foram observadas diferenças significativas entre as doses de açúcar orgânico nos rendimentos de matéria seca de rebentos e raízes. Yousif *et al* (2016) relataram que não houve diferença significativa no rendimento de matéria seca da raiz entre diferentes doses de bioaçúcar. Não foram observadas diferenças significativas entre os dois genótipos de tomate nos rendimentos de matéria seca de rebentos e raízes. A sinergia entre genótipos, biochar e AMF para o rendimento de matéria seca de rebentos e raízes não foi significativa.

Tabela 5: Efeito do genótipo, biochar e inoculação de AMF na colonização radicular por AM

e o rendimento em matéria seca dos tomateiros de estufa.

	% AM root colonization	Dry matter yields (kg ha^{-1})	
		Root	Shoot
Tomato genotypes (G)			
Ex-Lafia	30.83^{a}	232^{a}	2536^{a}
Ex-Lokoja	30.67^{a}	200^{a}	2216^{a}
SE±	2.09	20	104
Biochar = B (t / ha)			
0	20.00^{c}	220^{a}	2396^{a}
5	32.92^{b}	256^{a}	2532^{a}
10	26.25^{bc}	208^{a}	2320^{a}
15	28.33^{bc}	208^{a}	2396^{a}
20	46.25^{a}	188^{a}	2228^{a}
SE±	3.31	32	164
AMF (A)			
+	51.33^{a}	224^{a}	2396^{a}
-	10.17^{b}	208^{a}	2352^{a}
SE±	2.09	20	104
Interaction			
G*B	ns	ns	ns
G*A	ns	ns	ns
B*A	ns	ns	ns
G*B*A	ns	ns	ns

<+Valores na mesma coluna com as mesmas letras não são significativamente diferentes de acordo *teste de intervalo múltiplo de Duncan* a *(p 0,05)*. ns, não significativo a $p<0,05$; AM micorrizas arbusculares, - não inoculado, inoculado.

5.3.5 pH do solo,

Não houve diferença significativa ($p>0,05$) no pH do solo entre os vasos com e sem micorrizas (Tabela 6). A alta alcalinidade do biochar pode ser a razão para a falta de funcionalidade do FMA para influenciar o pH do solo. Sanchez e Salinas (1981) observaram uma diminuição da funcionalidade dos FMA, provavelmente devido à elevada fertilidade do solo, que limitou o desenvolvimento destes fungos à casca da raiz. No entanto, a aplicação de 15 e 20 t ha^{-1} de biochar apresentou um valor de pH do solo significativamente ($p<0,05$) mais elevado do que a testemunha e a aplicação de 5 t ha^{-1} de biochar. O pH do solo aumentou com a quantidade de biochar aplicada, a inoculação de micorrizas tendo pouco ou nenhum efeito. Isso pode explicado pelo pH altamente alcalino de biochar espigas de milho e a tendência do pH do solo para aumentar. Qadeer *et al* (2014) relataram que os solos com biochar geralmente mostraram mudanças de pH mais acentuadas do que os solos sem biochar. Em vasos, foi observado um valor de pH do solo comparável para ambos os genótipos de tomate. Não foi observada uma interação significativa entre os factores de pH do solo.

5.3.6 Carbono orgânico no solo

Não houve diferença significativa ($p>0,05$) no conteúdo de carbono orgânico do solo entre vasos micorrizados e não micorrizados (Tabela 6). A quantidade de biochar não influência significativa na quantidade de carbono orgânico nos vasos. No entanto, o teor de carbono orgânico do solo era mais elevado nos vasos de controlo do que nos vasos de 20 t ha^{-1}, o que pode dever-se à lenta mineralização do biochar, bem como à duração insuficiente do ensaio para demonstrar o seu efeito. Uma conclusão semelhante foi alcançada por Qadeer *et al* (2014), que descobriram que, embora a adição de biochar tenha aumentado o teor de carbono orgânico do solo em comparação com o controlo, este aumento não foi estatisticamente significativo ($p>0,05$). Os vasos para os dois genótipos de tomate mostraram um conteúdo de carbono orgânico comparável.

carbono. Não se observou uma interação significativa entre os factores que afectam o carbono orgânico do solo.

5.3.7 P disponível no solo

Não houve diferença significativa ($p>0,05$) no P disponível no solo entre vasos micorrizados e não micorrizados (Tabela 6). A quantidade de P disponível também aumentou com a aplicação de biochar, devido ao maior teor de P total no biochar. O pH mais elevado no biochar também pode promover a degradação de ligações complexas de Al e Fe com P no solo, libertando mais P para a solução do solo (Niguissie *et al.*, 2012). Um aumento semelhante no teor de fósforo foi observado em muitos estudos após o uso de biochar (Cheng *et al.*, 2006; Qadeer *et al.*, 2014). Estudos realizados por Glaser *et al.* (2002b) e Lehmann *et al.* (2003b) mostraram que a adição de biochar aumentou a concentração de P disponível em solos tropicais. Em vasos contendo os dois genótipos de tomate, o teor de P disponível no solo foi comparável. Não foi encontrada nenhuma interação significativa entre os factores no que diz respeito ao teor de P disponível no solo.

Tabela 6: Efeitos do genótipo, do biochar e da inoculação de FMA no pH e na composição orgânica do solo
Carbono disponível no solo e teor de P na peneira.

	Soil $pH_{(H_2O)}$	% Soil OC	Soil available P (mg kg^1)
Genotypes (G)			
Ex-Lafia	6.95^a	1.26^a	11.67^a
Ex-Lokoja	6.86^a	1.20^a	11.16^a
SE±	0.03	0.03	0.4
Biochar = (B) t ha^{-1}			
0	6.80^c	1.22^a	9.84^c
5	6.80^c	1.26^a	9.69^c
10	6.85^{bc}	1.24^a	11.38^{bc}
15	7.00^{ab}	1.27^a	12.26^{ab}
20	7.05^a	1.16^a	13.93^a
SE±	0.05	0.05	0.64
AMF (A)			
+	6.90^a	1.20^a	11.19^a
-	6.91^a	1.26^a	11.65^a
SE±	0.03	0.03	0.4
Interaction			
G*B	ns	ns	ns
G*A	ns	ns	ns
B*A	ns	ns	ns
G*B*A	ns	ns	ns

<Valores na mesma coluna com as mesmas letras não são significativamente diferentes de acordo *teste de intervalo múltiplo de Duncan* a *(p 0,05)*. ns, não significativo a *p<0,05*.+ = - não inoculado, inoculado, carbono orgânico OC.

4.4 Experiência 2: Efeito da aplicação de biossubstratos e da inoculação de FMA nas propriedades agronómicas, químicas e biológicas do solo de genótipos de tomate em

condições de campo

4.4.1 Altura da planta

<Não houve diferença significativa na altura das plantas de tomate entre plantas micorrizadas e não micorrizadas por semana, exceto a 2 W, quando as plantas não micorrizadas eram significativamente *(p 0,05)* mais altas do que as plantas micorrizadas (Quadro 7). O efeito insignificante da inoculação micorrízica na altura das plantas pode dever-se à adição de biochar, que tem um elevado teor de fósforo, um fator que limita a função dos FMA. Isto é consistente com os resultados de Abbott e Robson (1991), que relataram que a colonização micorrízica em plantas de amendoim foi significativamente suprimida pela adição de P. Sanchez e Salinas (1981) provavelmente atribuíram este resultado ao uso de biochar, que reduziu a dependência das plantas de micorrizas e, portanto, limitou o desenvolvimento destes fungos à casca da raiz.

A aplicação de 20 t ha^{-1} de biochar resultou em plantas significativamente mais altas em comparação com o controlo para 4, 6 e 8 W, exceto para 2 e 10 W, enquanto que para 12 W os valores mais baixos foram encontrados com a aplicação de 5 t ha^{-1} de biochar. No entanto, a aplicação de 20 t ha^{-1} de biochar foi considerada comparável à aplicação de 5, 10 e 15 t ha^{-1} de biochar. Um resultado semelhante foi obtido por Khan *et al* (2008), que encontrou um aumento na altura da planta após a utilização de biochar e atribuiu este facto ao efeito positivo do biochar no fornecimento de nutrientes essenciais para o crescimento vegetativo. O genótipo ex-Lokoja apresentou plantas significativamente mais altas do que o genótipo ex-Lafia em todas as semanas, exceto na 12ª semana, em que não se observou qualquer diferença significativa. Foram observadas interações significativas entre o genótipo e o FMA, bem entre o biochar e o FMA. A Figura 6 mostra que as plantas eram mais altas quando o genótipo Ex-Lokoja não foi inoculado (11,88 cm/planta), enquanto a Figura 7 mostra que a aplicação de 10 t ha^{-1} de biochar nas células micorrízicas resultou em plantas mais altas (10,90 cm/planta), ainda após

2 semanas.

Tabela 7: Efeito do genótipo, do biochar e da vacinação com FMA na altura das plantas de tomate
no terreno.

	Altura da planta (cm)					
	2 WAT	4 WAT	6 WAT	8 WAT	10WAT	12WAT
Genotype (G)						
Ex-Lafia	8.08^{b}	13.38^{b}	28.08^{b}	55.60^{b}	67.04^{b}	61.45^{a}
Ex-Lokoja	10.90^{a}	18.37^{a}	34.95^{a}	68.02^{a}	80.40^{a}	66.03^{a}
SE±	0.30	0.67	1.35	1.74	2.45	1.57
Biochar rate (B) tha^{-1}						
0	8.93^{a}	13.41^{b}	27.22^{b}	57.16^{b}	72.39^{a}	62.91^{ab}
5	8.99^{a}	15.08^{ab}	29.01^{ab}	58.52^{ab}	69.68^{a}	56.79^{b}
10	10.34^{a}	16.71^{ab}	32.37^{ab}	63.62^{ab}	76.08^{a}	65.11^{a}
15	9.49^{a}	16.71^{ab}	33.38^{ab}	62.51^{ab}	75.90^{a}	67.59^{a}
20	9.72^{a}	17.45^{a}	35.60^{a}	67.21^{a}	74.58^{a}	66.31^{a}
SE±	0.50	1.06	2.13	2.75	3.88	2.49
AMF (A)						
+	9.02^{b}	15.11^{a}	30.26^{a}	62.53^{a}	75.57^{a}	64.88^{a}
-	9.97^{a}	16.63^{a}	32.77^{a}	61.10^{a}	71.87^{a}	62.61^{a}
SE±	0.30	0.67	1.35	1.74	2.45	1.57
Interaction						
G*B	ns	ns	ns	ns	ns	ns
G*A	*	ns	ns	ns	ns	ns
B*A	**	ns	ns	ns	ns	ns
G*B*A	ns	ns	ns	ns	ns	ns

<+Valores na mesma coluna com as mesmas letras não são significativamente diferentes de acordo com *teste de intervalo múltiplo de Duncan* a *(p 0,05)*. ns - não significativo; *, ** - significativo a $p<0,05$ e $p<0,01$ respetivamente; WAT (semana após o transplante) - não inoculado, - inoculado.

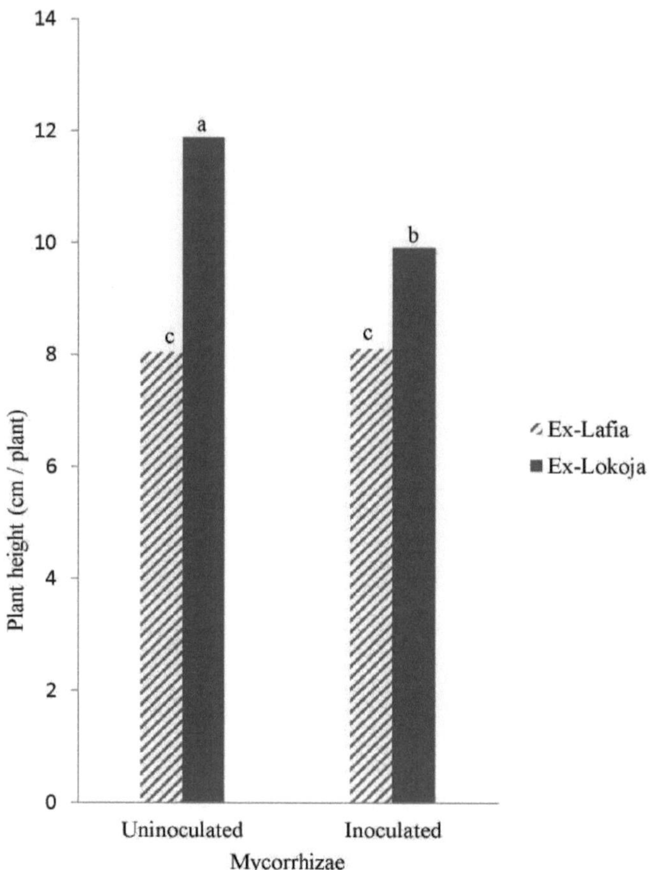

Figure 6: Altura das plantas de tomate em função da interação entre o FMA e o genótipo a 2 W em condições de campo.

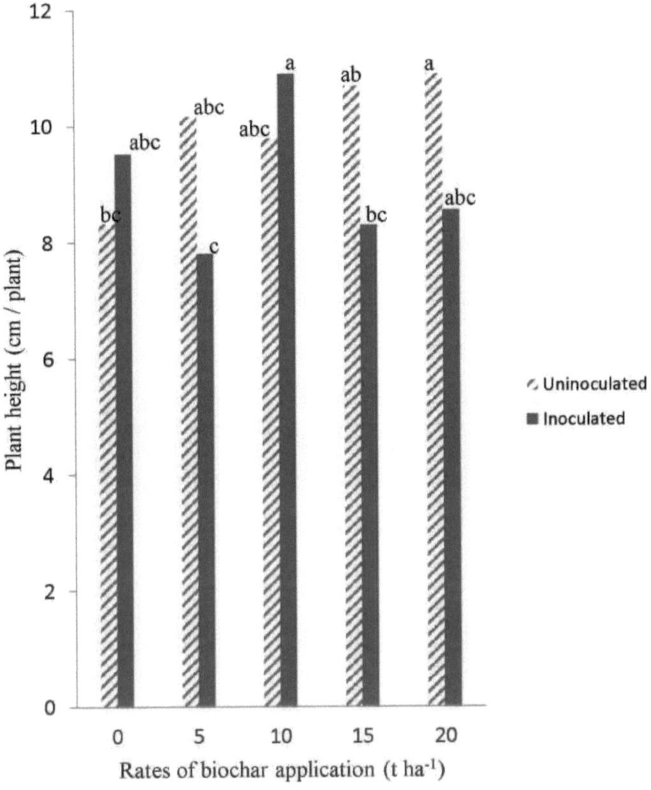

Figure 7: Altura das plantas de tomate em função da interação AMF e da quantidade de biofertilizante a 2 W em condições de campo.

4.4.2 Número de folhas

A inoculação micorrízica não efeito significativo no número de folhas às 2, 6, 8, 10 e 12 semanas pós-transplante, exceto às 4 semanas pós-transplante, quando as plantas não micorrízicas tiveram números de folhas significativamente *($p<0,05$)* mais elevados em comparação com as plantas micorrízicas (Tabela 8). Isso é semelhante ao resultado de Abdullahi e Sherif (2013), onde não houve diferença significativa no número de folhas por planta após a inoculação de micorrizas 4 semanas após o transplante (WAT). <Não houve

diferença significativa no número de folhas quando o biochar foi usado, exceto 4 e 6 semanas após o transplante, quando 20 ta $^{-1}$ deu um número significativamente *(p 0,05)* maior de folhas em comparação com o controle. Um resultado semelhante foi obtido por Yousif *et al.* (2016), que não encontrou diferença significativa no número de folhas em diferentes taxas aplicação de biochar. Chan *et al* (2008) também observaram que o biochar não influenciou o número de folhas da planta na fase de 50% de floração. O genótipo Ex-Lokoja produziu significativamente mais folhas aos 2, 6 e 8 W do que o genótipo Ex-Lafia. Foram observadas interações significativas entre o genótipo e o biochar e entre o genótipo, o biochar e o AMF (Quadro 8).

O genótipo Ex-Lafia com inoculação de 15 t ha^{-1} (Figura 8) teve mais folhas (54,50/planta) aos 12 W do que as outras combinações de tratamento. A Figura 9 também mostra que quando o genótipo Ex-Lafia não foi inoculado com micorrizas, mas 15 t ha^{-1} de biochar foi adicionado, mais folhas (66,70/planta) foram observadas aos 12 W do que com as outras combinações de tratamento.

Quadro 8: Efeito do genótipo, do biochar e da vacinação contra o FMA no número de folhas.

Plantas de tomate no campo

	Number of leaves					
	2 WAT	4 WAT	6 WAT	8 WAT	10 WAT	12WAT
Genotype (G)						
Ex-Lafia	3.49^{b}	7.39^{a}	17.26^{b}	32.99^{b}	46.38^{a}	41.74^{a}
Ex-Lokoja	3.94^{a}	8.34^{a}	21.31^{a}	43.02^{a}	48.56^{a}	40.08^{a}
SE±	0.14	0.39	1.14	2.11	2.37	1.77
Biochar rate (B)						
0	3.58^{a}	6.56^{b}	17.11^{b}	32.45^{a}	43.14^{a}	39.03^{a}
5	3.86^{a}	8.03^{ab}	17.43^{b}	36.00^{a}	43.68^{a}	36.96^{a}
10	3.87^{a}	7.69^{ab}	19.20^{ab}	42.33^{a}	51.39^{a}	40.60^{a}
15	3.51^{a}	8.42^{ab}	18.43^{b}	37.80^{a}	51.49^{a}	43.42^{a}
20	3.76^{a}	8.63^{a}	24.25^{a}	41.43^{a}	47.67^{a}	44.34^{a}
SE±	0.22	0.62	1.79	3.33	3.75	2.79
AMF (A)						

+	3.68ª	7.28ᵇ	18.04ª	37.37ª	47.11ª	41.11ª
-	3.75ª	8.46ª	20.52ª	38.64ª	47.83ª	40.71ª
SE±	0.14	0.39	1.14	2.11	2.37	1.77
Interaction						
G*B	ns	ns	ns	ns	ns	*
G*A	ns	ns	ns	ns	ns	ns
B*A	ns	ns	ns	ns	ns	ns
G*B*A	ns	ns	ns	ns	ns	**

<+Os valores na mesma coluna com as mesmas letras não são significativamente diferentes de acordo com o *teste de Duncan* a *(p 0,05)*. ns - não significativo; *, ** - significativo a $p<0,05$ e $p<0,01$ respetivamente; WAT (semana após o transplante), - não inoculado, inoculado.

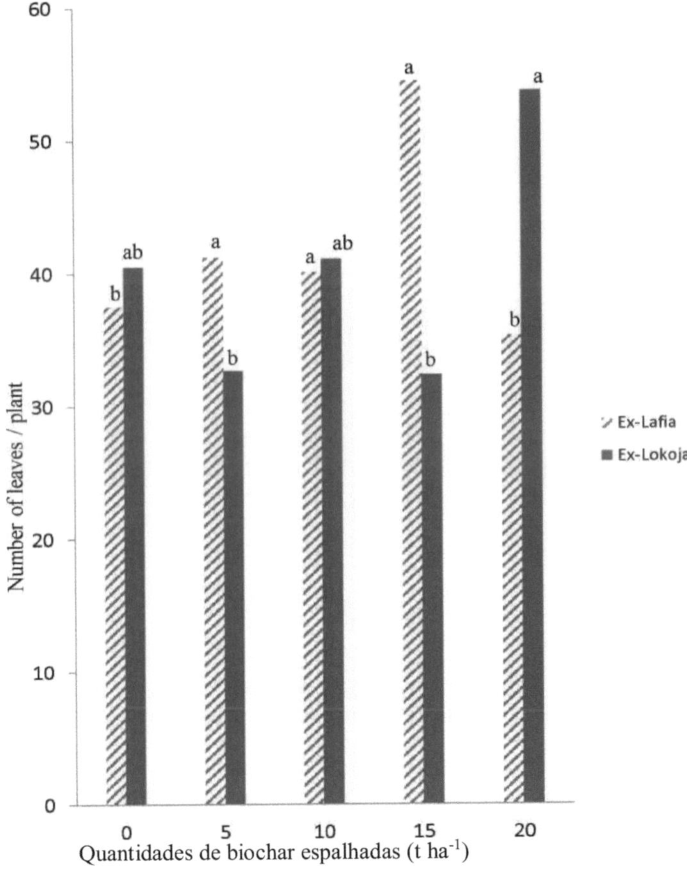

Figure 8: Número de folhas em plantas de tomate em função da interação entre genótipos e quantidades fertilizante orgânico aplicadas a 12 WOD em condições de campo.

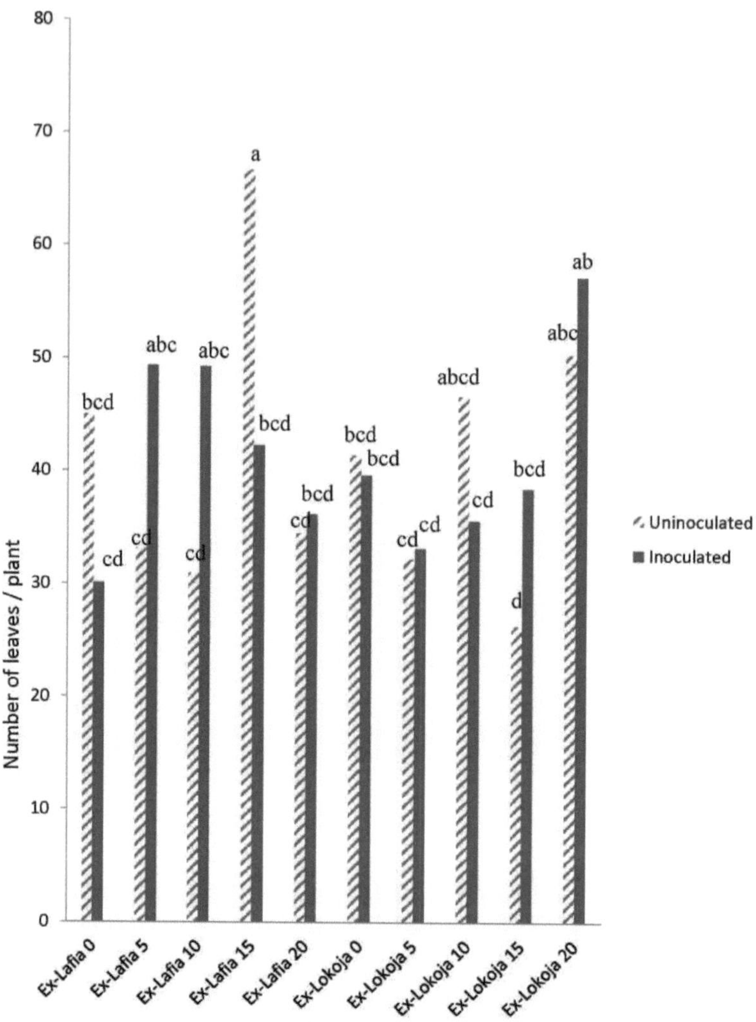

Genotype and rates of biochar application (t ha^{-1})

Figura 9: Número de folhas em plantas de tomate em função da interação entre o FMA, o genótipo e os níveis de bioaçúcar a uma temperatura de 12 W em condições de campo.

4.4.3 Colonização radicular AM

Os resultados deste estudo mostraram que a inoculação micorrízica do solo com biochar teve pouco ou nenhum efeito na colonização radicular de AM (Tabela 9). Osunobi (1999) relatou um efeito insignificante de micorrizas na colonização de raízes e não encontrou nenhum aumento na colonização de AM no campo, já que mesmo micorrizas nativas estavam presentes na parcela não inoculada. Abbott e Robson (1991) também relataram que a colonização micorrízica de plantas de amendoim foi significativamente reduzida pela adição de P. Sanchez e Salinas (1981) provavelmente atribuíram a redução na colonização radicular de AM e na funcionalidade de AMF ao alto grau de fertilidade do biochar, que reduziu a dependência da planta de micorrizas e, portanto, limitou o desenvolvimento desses fungos à casca da raiz.

A aplicação de açúcar orgânico não influenciou o aumento da colonização radicular por AMF (Quadro 9). Este facto é consistente com Warnock *et al* (2010), que encontraram uma diminuição na abundância de AMF após a aplicação de biochar. A inibição da colonização após a aplicação de biochar pode dever-se a uma maior disponibilidade de P (Warnock *et al.*, 2007). Além disso, Abbott e Robson (1991) relataram que a colonização micorrízica em plantas de amendoim foi significativamente inibida pela adição de P. Não foram encontradas diferenças significativas na colonização de raízes AM entre os dois genótipos de tomate. Não se observou uma interação significativa entre factores na colonização radicular AM do tomateiro.

4.4.4 Rendimento de matéria seca

<As plantas micorrizadas apresentaram um rendimento significativamente *(p 0,05)* mais elevado de matéria seca de rebentos em comparação com as plantas não micorrizadas (Quadro 9). Isto pode dever-se à capacidade das micorrizas melhorar a absorção de nutrientes e água , por conseguinte, aumentar o crescimento e o rendimento das plantas. Este resultado está de acordo com os resultados de investigadores anteriores, incluindo Al-Karaki *et al* (1998), que encontraram um aumento no rendimento de matéria seca de trigo (*Triticum aestivum* L.) após inoculação com micorrizas. No entanto, não foi encontrada nenhuma diferença significativa no rendimento de matéria seca da raiz quando as plantas foram inoculadas com micorrizas. Um resultado semelhante foi obtido por Ebrahim e Nasser (2013), segundo os quais os

tratamentos com micorrizas não influência significativa no rendimento de matéria seca da raiz de plantas de tomate. <A produção de matéria seca do caule aumentou com a taxa aplicação de biochar, com 20 t ha^{-1} de biochar resultando numa produção de matéria seca do caule significativamente mais elevada *(p 0,05*$^{((0.))}$. No entanto, 20 t ha^{-1} de biochar foi comparável a 10 e 15 t ha^{-1} de biochar no rendimento de matéria seca de rebentos. Warnock (2004) e Chan *et al* (2008) relataram que a adição de bio-açúcar aumentou significativamente a produção de matéria seca de rebentos, mesmo na dosagem mais baixa. No que diz respeito ao rendimento de matéria seca da raiz, não houve diferença significativa entre os diferentes níveis aplicação de bio-açúcar. Um estudo de Yusif *et al* (2016) mostrou que não houve diferença significativa no rendimento de matéria seca da raiz nas diferentes taxas de aplicação de biochar.

<O genótipo Ex-Lokoja proporcionou uma produção de matéria seca de rebentos significativamente mais elevada *(p 0,05)* do que o genótipo Ex-Lafia. Foi observada uma interação significativa entre o genótipo e o biochar para a produção de matéria seca dos rebentos. <O genótipo Ex-Lokoja proporcionou uma produção de matéria seca de rebentos significativamente *(p 0,05)* mais elevada (4839,3 kg ha^{-1}) do que outras combinações de tratamento quando aplicado a 20 toneladas ha^{-1} (Figura 10).

Quadro 9: Efeito do genótipo, do biochar e da inoculação com FMA na colonização radicular por FMA e na produção de matéria seca do tomateiro em condições de campo

		Rendimento de matéria seca (kg ha^{-1})	
	% AM root colonization	Shoot	Root
Genotype (G)			
Ex-Lafia	34.00^{a}	2079.4^{b}	735.3^{a}
Ex-Lokoja	33.33^{a}	3135.6^{a}	711.9^{a}
SE±	2.35	212.4	80.1
+	36.00^{a}	2935.8^{a}	738.0^{a}
-	31.33^{a}	2275.2^{b}	709.2^{a}
SE±	2.35	212.4	80.1
Interaction			
G*B	ns	*	ns
G*A	ns	ns	ns
B*A	ns	ns	ns
G*B*A	ns	ns	ns

Biochar rate (B)			
0	32.08^{a}	2155.5^{b}	713.7^{a}
5	33.75^{a}	2111.4^{b}	683.1^{a}
10	40.00^{a}	2568.6^{ab}	782.1^{a}
15	31.67^{a}	2901.6^{ab}	740.0^{a}
20	30.83^{a}	3292.2^{a}	697.5^{a}
SE±	3.71	95.4	126
AMF (A)			

<Valores na mesma coluna com as mesmas letras não são significativamente diferentes de acordo com *teste de séries múltiplas de Duncan* a *(p 0,05)*. ns - não significativo; * - significativo a $p<0,05$, + - inoculado; - - não inoculado.

Figura 10: Produção de rebentos de tomate em função da interação Quantidades biochar e genótipo aplicadas em condições de campo.

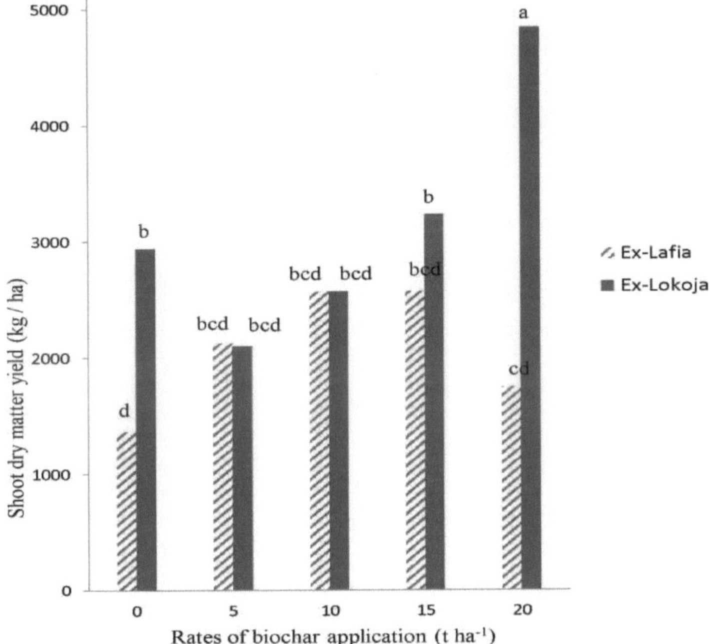

4.4.5 P rebentos e produção de frutos

<As plantas micorrizadas apresentaram um valor de P significativamente *(p 0,05)* mais elevado para os rebentos, em comparação com as plantas não micorrizadas (Quadro 10), mas não tiveram qualquer efeito na produção de frutos de tomate. Este resultado está de acordo com investigadores anteriores, como Al-Karaki *et al* (1998), que observaram níveis mais elevados de P nos rebentos de plantas micorrizadas em comparação com plantas de trigo não

micorrizadas (*Triticum aestivum* L.). A utilização de açúcar orgânico não aumentou o teor de P nos rebentos, mas a produção de frutos de tomate aumentou com a utilização de açúcar orgânico. <A utilização de 20 t ha^{-1} de açúcar orgânico resultou num aumento significativo *(p 0,05)* da produção de frutos em comparação com a utilização de 5 t $ha^{(-1)}$e 0 t $ha^{(-1)}$ de açúcar orgânico. No entanto, 20 t ha^{-1} de biochar foi comparável a 10 e 15 t ha^{-1} de biochar para a produção de frutos de tomate. Isso pode explicado pelo maior suprimento de nutrientes após a maior aplicação de biochar. Suppadit *et al* (2012) relataram aumentos de rendimento após o uso de biochar. Chan *et al* (2008) também descobriram que o biochar aumentou significativamente o rendimento à medida que taxa de aplicação aumentou.

A produção de frutos de tomate e a produção de rebentos P não diferiram significativamente entre os genótipos. Houve uma interação significativa entre o genótipo e o biochar na produção de P das plantas de tomate, mas não houve interação significativa entre os factores na produção de frutos de tomate. No entanto, o genótipo Ex-Lokoja com 20 t ha^{-1} de biochar (figura 11) apresentou um teor significativamente mais elevado de P nos rebentos (1,03 g P/kg).

Quadro 10: Efeito do genótipo, do biochar e da inoculação com FMA no P do rebento e na produção de frutos de plantas de tomate em condições de campo.

	Shoot P g kg^{-1}	Fruit yield t ha^{-1}
Genotype (G)		
Ex-lafia	0.54^{a}	10.34^{a}
Ex-lokoja	0.69^{a}	11.57^{a}
SE±	0.05	0.93
Biochar = (B) t ha^{-1}		
0	0.51^{a}	8.50^{b}
5	0.60^{a}	7.93^{b}
10	0.65^{a}	12.27^{ab}
15	0.60^{a}	12.32^{ab}
20	0.71^{a}	13.77^{a}
SE±	0.08	1.47

Mycorrhiza (A)		
+	0.72^{a}	11.69^{a}
-	0.51^{b}	10.22^{a}
SE±	0.05	0.93
Interaction		
G*B	*	ns
G*A	ns	ns
B*A	ns	ns
G*B*A	ns	ns

<Valores na mesma coluna com as mesmas letras não são significativamente diferentes de acordo com *teste de séries múltiplas de Duncan* a *(p 0,05)*. ns - não significativo; * - significativo a $p<0,05$, + - inoculado; - - não inoculado.

Figura 11: P dos rebentos dos tomateiros em função da interação entre a quantidade de biochar e a
Genótipo no campo.

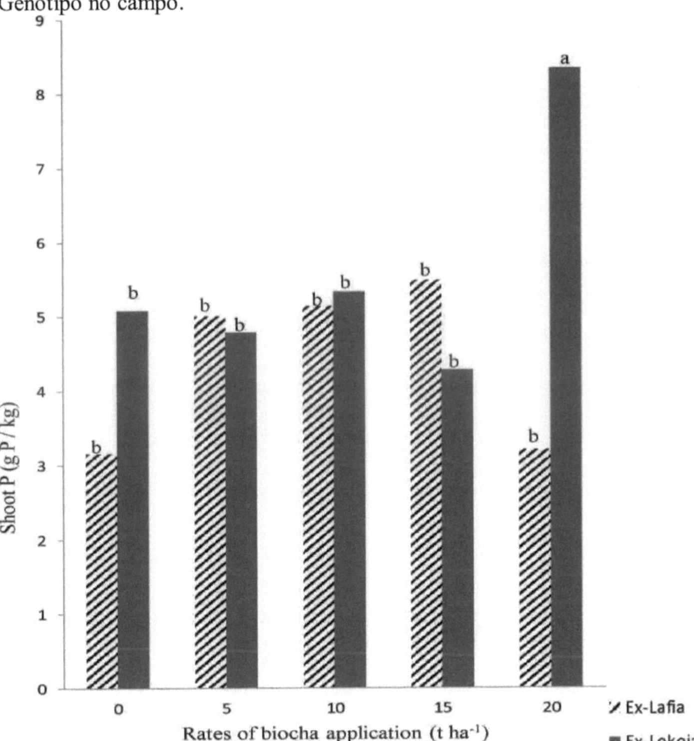

4.4.6 Número de esporos AM, carbono da biomassa microbiana (MBC) e azoto da biomassa microbiana (MBN)

<O número de esporos AM foi significativamente *(p 0,05)* maior nas células micorrízicas do

que nas células não micorrízicas. No entanto, o MBC e o MBN não diferiram significativamente entre as células micorrízicas e não micorrízicas (Quadro 11). <As parcelas afectadas ao genótipo Ex-Lokoja tinham um número significativamente mais elevado de esporos AM *(p 0,05)* do que as parcelas afectadas ao genótipo Ex-Lafia. A aplicação de 20 t ha^{-1} de biossubstrato produziu significativamente $(p<0,05)$ mais esporos AM do que o controlo, embora 20 t ha^{-1} fosse comparável a 15 t $ha^{(-1)}$e 10 t ha^{-1}. O número de esporos AM aumentou quando foi aplicado mais bio-substrato. Uma conclusão semelhante foi alcançada por Harvey *et al* (1976), que relataram que a aplicação de biossubstratos pode ter um efeito positivo na abundância e colonização de plantas hospedeiras de FMA, promovendo assim o crescimento das plantas. O número mais elevado de esporos de AM em solos que contêm biochar pode dever-se ao elevado teor de carbono orgânico do biochar, que é o principal substrato para os fungos AM. Ishii e Kadoya (1994) também demonstraram que o biochar pode ter um efeito positivo na abundância de fungos micorrízicos.

No entanto, não foram observadas diferenças significativas no MBC e MBN entre a quantidade de biochar e os genótipos de tomate. Os baixos de MBC e MBN podem ser devidos à capacidade do biochar de classificar nutrientes (Dempster *et al.*, 2012). Não foi observada nenhuma interação significativa entre os factores MBC, MBN e o número de esporos AM.

Table 11: Efeitos do genótipo, do biochar e da inoculação de AMF em certas propriedades biológicas do solo em condições de campo.

	MBC (µg C g^{-1})	MBN (µg N g-^{1})	Numberof AM spores 25g soil
Genotype (G)			
Ex-lafia	338.97^{a}	138.83^{a}	37.20^{b}
Ex-lokoja	283.95^{a}	140.64^{a}	45.27^{a}
SE±	20.10	2.91	2.51
Biochar = (B) t ha^{-1}			

0	335.80[a]	142.28[a]	28.08[c]
5	273.86[a]	139.44[a]	33.83[bc]
10	299.14[a]	145.61[a]	44.18[ab]
15	329.59[a]	137.15[a]	45.00[ab]
20	318.91[a]	134.20[a]	54.83[a]
SE±	31.79	21.11	3.97
Mycorrhiza = (A)			
+	324.08[a]	138.97[a]	47.90[a]
-	298.84[a]	140.50[a]	34.56[b]
SE±	20.10	2.91	2.51
Interaction			
G*B	ns	ns	ns
G*A	ns	ns	ns
B*A	ns	ns	ns
G*B*A	ns	ns	ns

<+Os valores na mesma coluna com as mesmas letras não são significativamente diferentes de acordo com o *teste de intervalo múltiplo de Duncan* a *(p 0,05)*. ns, não significativo a $p<0,05$; inoculado; - , não inoculado; MBC, biomassa microbiana carbonácea; MBN, biomassa microbiana azotada.

4.4.7 pH do solo

Os resultados deste estudo mostraram que a inoculação micorrízica teve pouco ou nenhum efeito no pH do solo (Tabela 12). O pH do solo foi significativamente *(p<0,05)* mais elevado quando foram aplicadas 15 t ha^{-1} e 20 t ha^{-1}, seguidas de 10 t ha$^{(-1)}$, depois 5 t ha^{-1} e finalmente 0 t ha^{-1} de bioaçúcar. Verificou-se que o pH do solo aumentava com a taxa de aplicação de bioaçúcar, sendo os efeitos da inoculação micorrízica negligenciáveis. Isto pode ser devido ao pH altamente alcalino do biochar espigas de milho, e a tendência para o aumento do pH do solo foi evidente. Warnock *et al* (2010), Yamato *et al* (2006) e Yusif *et al* (2016) observaram um aumento no pH em solos tratados com quantidades crescentes de biochar. Não foi observada diferença significativa no valor do pH do solo entre as parcelas com os dois genótipos de tomate. Uma interação significativa entre biocarvão e FMA foi observada no pH do solo, com um valor mais elevado de pH do solo (7,37) quando 20 t ha $^{-1}$ de biocarvão foi aplicado às células micorrízicas (Figura 12).

4.4.8 Carbono orgânico no solo

Os resultados deste estudo mostraram que as parcelas não micorrízicas tinham valores mais elevados de carbono orgânico (Quadro 12). Como se supôs que havia menos organismos micorrízicos nas parcelas não micorrízicas, esperava-se que a reciclagem de carbono orgânico fosse menor do que nas parcelas micorrízicas. Isto indica que o biochar estava presente no biochar, que foi utilizado como fonte de energia pelos microrganismos do solo (Unger, 2008). A aplicação de 15 toneladas ha^{-1} resultou num teor significativamente mais elevado de carbono orgânico no solo em comparação com o controlo. Este elevado teor de carbono orgânico pode ser devido ao elevado teor de carbono orgânico do biochar derivado do milho e das espigas de milho (Lehmann, 2007; Solomon *et al.*, 2007). As parcelas afectadas ao genótipo Ex-Lokoja tinham um carbono orgânico do solo significativamente mais elevado do que as parcelas afectadas ao genótipo Ex-Lafia. Não verificou uma interação significativa entre os factores no que diz respeito ao carbono orgânico do solo.

4.4.9 P disponível no solo

Os resultados deste estudo mostraram que a inoculação de micorrizas não contribuiu para o P disponível no solo (Quadro 12). <A aplicação de 20 t ha^{-1} de biochar resultou num aumento significativo *(p 0,05)* do P disponível no solo, que aumentou com a taxa de aplicação de biochar. Isto pode dever-se ao elevado teor de fósforo do biocarvão nas espigas de milho e ao pH elevado, que favorece a degradação das ligações dos complexos de Al e Fe com o P no solo, libertando assim mais P para a solução do solo (Niguissie *et al.*, 2012; VanZwieten *et al.*, 2010). Não foram observadas diferenças significativas no P disponível no solo entre as parcelas dos dois genótipos de tomate. Foi observada uma interação significativa entre genótipo e FMA para o P disponível no solo (Quadro 12), com a maior quantidade de P disponível (13,23 mg kg$^{-1)}$ observada nas células micorrízicas com o genótipo Ex-Lokoja (Figura 13).

Table 12: Efeitos do genótipo, do biochar e da inoculação de AMF em certas propriedades químicas do solo.

	Soil $pH_{(H_2O)}$	% Soil OC	Soil available P (mg kg^{1})
Genotype (G)			
Ex-Lafia	7.02^a	1.26^b	11.82^a
Ex-Lokoja	6.95^a	1.61^a	12.52^a
SE±	0.03	0.04	0.46
Biochar rate(B) t ha^{-1}			
0	6.62^d	1.29^b	10.93^b
5	6.79^c	1.34^{ab}	12.19^{ab}
10	6.97^b	1.54^a	10.87^b
15	7.28^a	1.53^a	13.05^{ab}
20	7.26^a	1.45^{ab}	13.83^a
SE±	0.04	0.06	0.72
AMF (A)			
+	7.02^a	1.33^b	12.08^a
-	6.94^a	1.53^a	12.27^a
SE±	0.03	0.04	0.46
Interaction			
G*B	ns	ns	ns
G*A	ns	ns	*
B*A	*	ns	ns
G*B*A	ns	ns	ns

<Valores na mesma coluna com as mesmas letras não são significativamente diferentes de acordo com o *teste de séries múltiplas de Duncan (p 0,05)*. ns, não significativo a $p<0,05$. = = - não inoculado, + inoculado, OC carbono orgânico, P fósforo

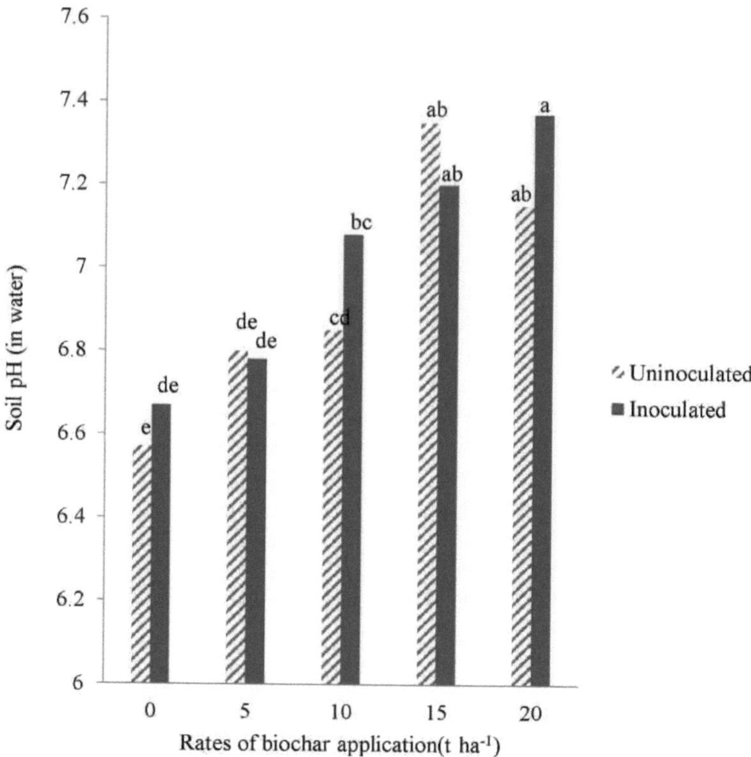

Figura 12: Efeito no pH do solo da interação entre a quantidade de biofertilizante e a inoculação de FMA em condições de campo.

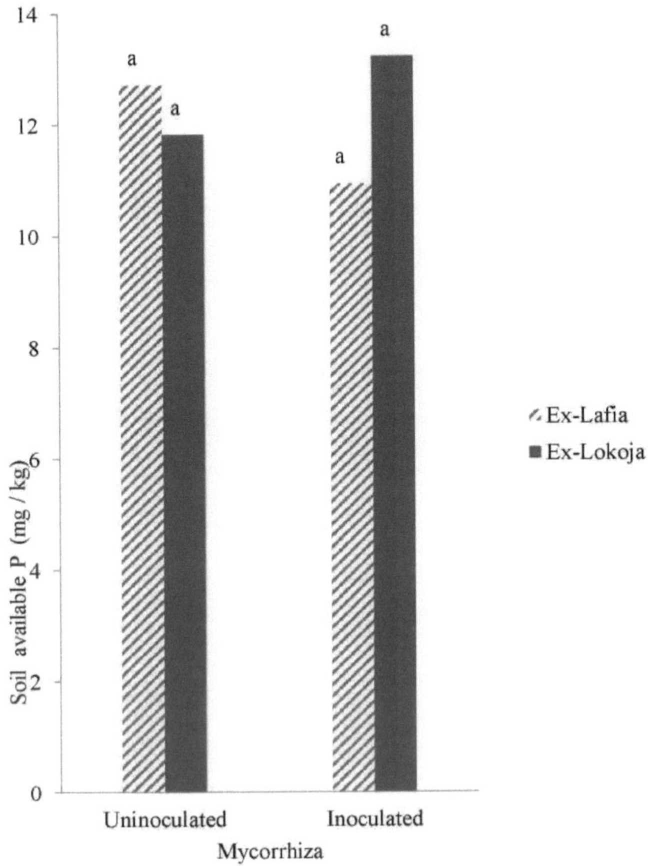

Figura 13: P disponível no solo em função da interação entre o FMA e o genótipo no campo.

CAPÍTULO 5

5.0 CONCLUSÕES E RECOMENDAÇÕES

5.1 Conclusão

A aplicação de biochar melhorou a produtividade das plantas, a colonização radicular AM e a abundância de esporos AM, bem como as propriedades químicas como o azoto disponível, o carbono orgânico e o pH do solo. No entanto, o aumento do pH do solo não foi suficientemente elevado para ter um efeito negativo nas propriedades do solo. O efeito positivo do AM foi mais pronunciado para os parâmetros agronómicos das plantas do que para as propriedades do solo. Assim, a inoculação de FMA no solo com biochar melhorou a formação de folhas, a colonização de raízes por FMA, a produção de matéria seca de rebentos, a nutrição P e o número de esporos de FMA em genótipos de tomate.

5.2 Recomendações

Por conseguinte, recomenda-se que

- O biochar com um pH alcalino muito elevado deve ser utilizado em solos com um pH baixo melhorar as propriedades químicas e biológicas do solo.
- O biochar em quantidades de 20 t ha^{-1} pode ser utilizado para melhorar as propriedades químicas e biológicas do solo e aumentar o rendimento do tomate.
- A inoculação de FMA no solo com biochar também é útil, particularmente para melhorar a nutrição de P, a colonização de raízes de FMA e a diversidade de esporos de FMA.
- O genótipo Ex-Lokoja também pode ser utilizado para melhorar a produção de tomate na zona de estudo.

Literatura

Abbott, L.K. & Robson, A.D. 1991. Management of mycorrhizal fungi under field conditions (Gestão de fungos micorrízicos em condições de campo). *Em*: D.L. Keister e P.B. Cregan (eds) *The Rhizosphere and Plant Growth,* Kluwer Academic Publishers, Dordrecht, pp. 355-362.

Abdullahi, R. e Sherif, H.H. 2013. Efeito de fungos micorrízicos arbóreos e fertilizantes químicos no crescimento e teor de nutrientes rebentos de cebola em condições de campo na savana do Sudão do Norte da Nigéria. IOSR *Journal of Agriculture and Veterinary Science,* 5(3): 85-90.

Aladenola, O. O. e Adeboye, O. B. 2010. Avaliação do potencial de utilização da água da chuva. *Water Resources Management*, 24(10): p. 2129-2137.

Al-Karaki, G.N., Al-Raddad A. e Clark, R.B. 1998. Stress hídrico e micorrizas em soja de solos tratados com lamas de depuração. *Journal of the Soil Science Society of America* 55:393-398.

Antal, M. J. e Gronley, M. 2003. A arte, a ciência e a tecnologia do fabrico de carvão vegetal. *Industrial and Chemical Engineering Research* 42 (8):1619- 1640.

Atayese, M.O., Awotoye, O.O., Osonubi, O. e Mulongoy, K. 1993. Comparação do efeito de micorrizas vesiculares arbusculares na produtividade de leguminosas lenhosas e mandioca nas partes superior e inferior uma colina sistemas de cultivo em faixas. *Biologie et fertilité des sols* 16: 198 - 204.

Bates, R.C. 1954, Electrometric determination of pH (Determinação electrométrica do pH). John Wiley and Sons Inc, Nova Iorque. Pp. 35-38.

Becard, G. e Pfeffer, P.E. 1993. O estado da divisão nuclear em fungos micorrízicos arbusculares durante o desenvolvimento in vitro. *Protoplasma* 174 : 62-68.

Bidartondo, M. I., Redeker, D., Hijri, I., Wimken, A., Bruns, T. D., Domrnguez, L., Sursich, A., Leek, J. R., e Reed, D. J. 2002. Plantas epiparasitas que se especializam em fungos micorrízicos arbusculares. *Nature* 419 : 389-393.

Blackwell, P., Shea, S., Storer, P., Kerkmans, M. e Stanley, I. 2007. Melhoria da produção de trigo com o carvão Oil Mallee deepbanding na Austrália Ocidental. Em Actas da 1ª Conferência Internacional sobre Agricultura, Terringale, Nova Gales do Sul.

Blackwell, P., Riethmuller G. e Collins M. 2009. Biochar applications in soil (Chapter 12), In: J. Lehmann and S. Joseph (Eds.), Biochar for environmental management: Science and Technology, Earthscan, Londres, Reino Unido. p. 207.

Bouyoucos, G.S. 1962. Um método hidrométrico melhorado para análise granulométrica de solos. *Revista de Agronomia* 54: 464-465

Brady, N.C. e Weil, R.R. 2008. *The nature and properties of soils*, 14ª edição Pearson Prentice Hall. Pearson Education Inc. Upper Saddle River, New Jersey, EUA, 07458.

Bray, R. & Kurtz, L. T. 1966, Determination of total, organic and available phosphorus in soil. *Ciência do Solo 59:* 39-45.

Briggs, K.M., Bryner, J.M. e Graham, R.K. 2005. Contribuição do carvão vegetal de *Pinus ponderosa* para as propriedades químicas e físicas do solo. Reuniões anuais internacionais da ASA-CSSA-SSSA (6-10 de novembro de 2005), Salt Lake City, EUA. 1-13 pp.

Brown, R.K. 2009. Biochar production technology. *In:* Biochar for environmental management: science and technology *(eds* J. Lehmann *&* S. Joseph*),* pp. 127-146. Earthscan Ltd, Londres.

Caravaca, F., Barea, J.M., Palenzuela, J., Figueroa, D., Alguacil, M.M. & Roldan, A. 2003. Enraizamento espécies arbustivas em um sítio semi-árido degradado após inoculação com fungos micorrízicos arbóreos nativos orallochthonous. *Applied Soil Ecology* 22(2): 103- 111.

Carter, S., Shackley, S., Sohi, S., Sui, T.B. & Hefele, S. 2013. Efeitos da aplicação de biochar nas propriedades do solo e no crescimento das plantas de alface em vaso (*Lactuca sativa*) e repolho (*Brassica chinensis*). *Agronomia*, 3(2): pp. 40418.

Chan, K.Y., Van Zwieten, L., Meszaros, I., Downey, A. e Joseph, S. 2008. Utilização de biossólidos de cama de aves como aditivos do solo. *Australian Journal of Soil Research*, 46:437 - 444.

Chan, K.Y., Van Zwieten, L., Meszaros, I., Downey, A. e Joseph, S. 2007. Valor agronómico dos resíduos verdes biochar como adjuvante do solo. *Australian Journal of Soil Research* 45:629-634.

Chang, K. Y., e Xu, Z., 2009. Biochar: Propriedades nutricionais e sua melhoria. *In*: Biochar for environmental management: Science and Technology (Eds. Lehmann, J. & Joseph, S.), Earthscan. Londres.

Cheng, K.H., Lehmann, J., Thies, J.E., Burton, S.D., e Engelhard, M.H., 2006. Oxidação de carvão preto por processos bióticos e abióticos. *Org. Geochem.* 37 : 1477-1488.

Daniel, D.W., Johannes, L., Thomas, W.K. & Matthias, C.R. 2007. Respostas das micorrizas ao açúcar biológico no solo. Conceitos e mecanismos. *Planta e Solo* 300:9 - 20.

Daniels, B.A. e Skipper, H.D. 1982. Métodos de extração e quantificação de propágulos do solo. *In*: Methods and principles of mycorrhizal research. N.C. Schenck (Ed.). American Phytopathological Society Press, St. Paul, Minn. Paul, Minn. Pp. 29-35.

Dare, M.O., Abaidu, R., Fagbola, O. e Asideu, R. 2013. Diversidade de AMF em solos de sistemas de cultivo de inhame (*Diosocera spp*) em quatro agroecologias na Nigéria. *Avanços em Agronomia e Ciência do Solo* 59(4): 521 - 531.

DeLuca, T. H., McKenzie, M. D., Gundale, M. J., e Holben, W. E. 2006. O carvão vegetal proveniente de incêndios florestais tem um impacto direto no ciclo do azoto *em florestas de pinheiros ponderosa. Soil Science Society ofAmerican Journal* 70: 448-453.

Dempster, D.N., Gleason, D.B., Solaiman, Z.M., Jones, D.L. & Murphy, D.W. 2012. Redução da biomassa microbiana do solo e mineralização de nitrogênio quando eucalipto biochar é adicionado a um solo de estrutura grossa. *Planta e Solo* 354: 311-324.

Duponnois, R., Colombet, A., Hien, V. & Thioulouse, J. 2005. *O fungo micorrízico Glomus intraradices* e a adição de fosfato influenciam o crescimento das plantas e a atividade microbiana na rizosfera *de Acacia holosericea. Soil Biology and Biochemistry* 37: 1460-1468.

Ebrahim, S. e Nasser, A. 2013. Efeito de inoculantes fúngicos *Glomus etunicatum* e *Glomus intraradices* e deficiência de micronutrientes na colonização de raízes e peso seco de tomate e sorgo cultivados em cama de perlite. *Jornal Africano de Biotecnologia,* 12(25): pp. 3957-3962.

Evans, K. e Meggers, B. J. 1957, Archaeological Investigations at the Mouth of the Amazon Bulletin 167, U.S. Govt. Print. Off, Washington, DC, Smithsonian Institution Bureau of American Ethnology.

FAO, 1980. Análise do solo e da planta como base para recomendações de fertilização. *Boletim do Solo* 3812.

Funke, A. & Ziegler, F. 2010. Carbonização hidrotérmica da biomassa: resumo e discussão dos mecanismos químicos para o projeto do processo. *Biocombustíveis, Bioprodutos e Engenharia de Bioprocessos* 4: 160-177.

Gaur, A. e Adholeja, A. 2000. Effect of particle size of soilless substrates on inoculum production of AM fungi. *Mycorrhiza* 10:43-48

Gee, G.W. e Baner, J.W. 1986. Particle size analysis *In*: Aklate (ed) *Method of Soil Analysis* 2nd ed. No. 9 ASA, Inc, SSA Madson, Washington D.C. pp 383-409.

Gehrig, H., SchuBler, A. e Kluge, M. 1996. Geosiphon pyriforme, um fungo que forma uma endocitobiose com Nostoc (cianobactéria), é um antepassado dos glomérulos: deteção análise SSU rRNA. *Journal of Molecular Evolution* 43*:71-81.*

Gehring, C.A. e Whitham, T.G. 1994. Comparação de ectomicorrizas em pinheiros Pinyon (*Pinus edulis*; Pinaceae) sob condições extremas de tipo de solo e herbivoria. *American Journal of Botony* 81:1509-1516.

Gerdemann, J.W. e Trappe J.M. 1974. Endogonaceae in the Pacific Northwest. *Mycologia Memoir* (*New York Botanical Garden*) 5*:*1-76.

Glaser, B., Haumayer, L., Guggenberger, G. e Zech, W. 2001. O fenómeno da Terra Preta: um modelo para a agricultura sustentável nos trópicos húmidos. *Ciências Naturais* 88(1): 37-41.

Glaser, B., Lehmann, J. e Zech, W. 2002a. Melhoria das propriedades físicas e químicas de solos altamente degradados em regiões tropicais utilizando carvão vegetal - uma visão geral. *Soil Biology and Fertility 35:* 219-230.

Glaser, B., Lehmann, J., Steiner, K., Nels, T., Yousaf, M. e Zech, W. 2002b. The potential of pyrolysed organic matter for soil improvement. In: *Conferência da Organização Internacional para a Conservação do Solo*, Pequim, China, vol. III, p. 423-5272 III, P. 423-527.

Glaser, B. 2007. Solos pré-historicamente modificados na Amazónia Central: um modelo para a agricultura sustentável no século XXI. *Philosophica Transactions of the Royal Society B-Biological Sciences* 362: 187-196.

Glaser, B. & Birk, J. J. 2011. ^Estado da ciência sobre as propriedades e formação de terras pretas antropogénicas na Amazónia Central (terra preta de dio). *Geochimica Et Cosmochimica Ata* doi:10.1016/j.gca.2010.11.029.

Graham, J.H., Hodge, N.C. e Morton, J.B.. 1995. Perfis de ésteres metílicos de ácidos gordos para a caraterização de fungos glomaléicos e das suas endomicorrizas. *Applied and Environmental Microbiology* 61*:58-64.*

Grime, J. P., Mackey, J. M. L., Hillier, S. H. & Read, D. J.. 1987. diversidade florística num sistema modelo usando microcosmos experimentais. *Nature* 328: 420-422.

Gupta, M.L., Prasad, A., Ram, M. e Kumar, S. 2002. Effect of vesicular arbuscular mycorrhizal fungus (VAM) *Glomus fasciculatum* on essential oil yield and nutrient uptake during cultivation of different varieties of menthol mint (*Menth arvensis*) under field conditions. *Technologie des bioressources 81*: 77-79.

Gundale, M. J. & DeLuca, T. H. 2006. A temperatura e o material de base influenciam as propriedades ecológicas do carvão de *pinheiro ponderosa* e de pinheiro Douglas. *Waldökologie Management* 231:86-93.

Harrier, L. A. & Watson, K. A. 2003. O papel dos fungos micorrízicos arbusculares em sistemas de cultivo sustentáveis. *Avanços em Agronomia* 20: 185_225.

Hartnett, D.K. & Wilson, G.W.T. 1999. As micorrizas influenciam a estrutura e a diversidade da comunidade vegetal em prados de erva alta. *Ecologie* 80 : 1187-1195.

Harvey, A.E., Jourgensen, M.F., e Larsen, M.J. 1976. Comparative distribution of ectomycorrhizae in the soil of a mature Douglas-fir-larch forest in western Montana. *Forest Science* 22: 350-358.

Heijden, M.G.A. van der, Boller, T., Wiemken, A. 1998a. Different species of arbuscular mycorrhizal fungi as potential determinants of plant community structure. *Ökologie* 79: 2082-2091.

Hayden, M.G.A. van der, Klironomos, I.N. e Ursi, M. 1998b. Diversity of mycorrhizal fungi determines plant biodiversity, variability and productivity of ecosystems. *Nature* 396: 69-72.

Helgason, T., Fitter, A.H. & Young, J.P.W. 1999. Diversidade molecular de fungos micorrízicos arbusculares *Hyacinthoides non-scripta* (mirtilos) numa floresta semi-natural. *Molecular Ecology* 8: 659-666.

Hendricks, J. W., Jones, K. J. & Nesmith, W. K. 1992. O controlo de fungos micorrízicos patogénicos na manutenção da produtividade do solo através da rotação de culturas. *Zeitschrift für Produktionslandwirtschaft* 5: 383-386.

IPCC, 2007, Contribution of Working Group I to the Fourth Assessment Report of the Intergovernmental Panel on Climate Change based on the Physical Sciences, Cambridge University Press, Cambridge, p. 996.

Ishii, T. & Kadoya, K. 1994. Efeito do carvão vegetal como condicionador do solo no crescimento dos citrinos e no desenvolvimento de micorrizas vesiculares-arbustivas. *Journal of the Japanese Society for Horticultural Science* 63: 529-535.

Jackson, R.M. & Masson, P.A. 1984. *Mycorrhiza* Edward Arnold Ltd, London, p. : 60 : ISBN

- 7131 - 2876 - 3.

Jackson, M.L. 1962, Chemical analysis of soil (Análise química do solo). *IITA Manual series* no. 1, 70p.

Jaiswal, P.C. 2004. *Análise do solo, das plantas e da água*. Indhiana, Kalayani Publishers, Índia, 437 páginas.

Jeffries, P., Gianinazzi, S., Perotto, S., Turnau, C. & Barea, H.M. 2003. Contribuição dos fungos micorrízicos arbusculares para a saúde sustentável das plantas e a fertilidade do solo. *Biologie et fertilité des sols* 37: 1-16.

Johnson, N.K. 1993. Pode a fertilização do solo selecionar micorrizas menos mutáveis? *Ecological Applications* 3:749-757.

Johnson, H.K., Vogt, A.K., Clark, H.J., Schmitz, O.J., e Vogt, D.J. 1996. Biodiversidade e produtividade e estabilidade dos ecossistemas. *Trends in Ecology and Evolution 11: 372-377.*

Juo, A.S.R. 1979, Selected Methods for Soil and Plant Analysis, IITA Manual Series No. 1, 70 pp.

Khan, H.Z., Malik, M.A. e Salim, M.F. 2008. Efeito da quantidade e da fonte de matéria orgânica no potencial de produção do milho de primavera (Zea mays L.). *Pak. J. Agric. Sci.* 45:1, 40-43.

Hanizadeh, S., Hamel, K. Kianmehw, H. Buzzard, D. e Smith, D.L. 1995. Efeito de três tipos de micorrizas vesiculares e fósforo no crescimento reprodutivo e vegetativo de três variedades de morango. *Journal of Plant Nutrition* 18: 1073-1079.

Kirankumar, R., Jagadeesh, K.S., Krishnaraj, P.U. e Patil, M.S. 2008. Melhoria do crescimento do tomate e da absorção de nutrientes por isolados de rizobactérias promotoras do crescimento das plantas na presença do patogénio do vírus do mosaico do tabaco. *Karnataka Journal of Agricultural Science* 21 (2): 309-311.

Clironomos, J. N., McCune, E., Hart, M. & Neville, J. 2000. Effects of arbuscular mycorrhizae on the relationship between plant diversity and productivity. *Ecology Letters* 3: 137-141.

Kolb, S.E., Fermanich, K.J. e Dornbusch, M.E.. 2009. Efeitos da quantidade de carvão vegetal na biomassa e atividade microbianas em solos de zonas temperadas. *Soil Biology and Biochemistry 73:* 1173-1181.

Kothari, S.K., Marschner, H. e George, E. 1990. Effects of VA mycorrhizal fungi and rhizosphere microorganisms on root and shoot morphology, growth and water relations in maize, *New Phytology*. 116 : pp. 303-311.

Kubota, M., McGonigle, T.P., e Hiakumachi, M. 2005. Ocorrência comum de morfologias micorrízicas arbusculares do tipo Arum e Paris em pepino e tomate. *Micorrizas* 15 : 73-77

Kuhn, G., Hijri, M., e Sanders, I.R.. 2001 Evidence for the evolution of multiple genomes in arbuscular mycorrhizal fungi. *Nature* 414 : 745-748.

Kuyper, T.W., Cardoso, I.M., Onguene, N.A., Murniati e van Nordwijk, M. 2004. Gestão de micorrizas em agro-ecossistemas tropicais multi-específicos. Em M. van Nordwijk, G. Cadisch dan C.K Ong. Below Ground Interactions in Tropical Agroecosystems, CAB International.

Lehmann, J., Kern, D. K., Glaser, B., e Woods, W. I. 2003a. Amazonian darklands: Origins, properties and management. Kluwer Academic Publishers, Países Baixos. S. 505.

Lehmann, J., Pereira da Silva, J., Steiner, K., Nehls, T., Zech, W. e Glaser, B. (2003b). Disponibilidade de nutrientes e lixiviação no antrossolo arqueológico e feralsolo da bacia amazônica central: Adição fertilizante, chorume e carvão vegetal. *Plantas e Solos*, 249 (2): pp. 343-57.

Lehmann, J. & Rondon, M. 2006. Biochar management on severely weathered soils in the humid tropics. *Em*: N. T. Uphoff *et al.* (Eds.), *Biological Approaches to Sustainable Soil Systems*. CRC/Taylor & Francis, Boca Raton FL. pp. 517.

Lehmann, J., Gaunt, J. e Rondon, M. 2006. Biochar sequestration in terrestrial ecosystems - an overview. *Strategies for mitigation and adaptation to global change* 11(2): 403-427.

Lehmann, J. 2007, Bioenergy in the black. *Frontiers in Ecology and the Environment* 5: 381-387.

Lehmann, J. e Joseph, S. 2009. (eds.). Biochar for Environmental Management: *Science and Technology* (Londres: Earthscan, 2009).

Lendzemo, V.W. e Kuyper, T.W. 2001. Influência de fungos micorrízicos arbusculares nos danos causados *por Striga hermonthica* em duas *variedades* diferentes *de sorgo* (*Sorghum bicolor*). *Agricultural Ecosystem and Environment* 87(1):29-35.

Liang, B., Lehmann, J., Solomon, D., Sohi, S., Thies, J.E., Skjemstad, J.O., Luisao, F.J., Engelhard, M.H., Neves, E.G. e Wirik, S. 2008. Estabilidade do carbono negro derivado da biomassa nos solos. *Geochimica Et Cosmochimica Ata* 72:60696078. DOI : 10.1016/j.gca.2008.09.028.

Liang, B., Lehmann, J., Solomon, D., Kinyangi, J., Grossman, J., O'Nell, B., Skjemstad, J.O., Thies, J., Luisao, F.J., Petersen, J. e Neves, E.G. 2006. O carbono negro aumenta a capacidade de troca catiónica nos solos. *Journal de la Société de pédologie d'Amérique* 70: 1719-1730.

Libra, J.A., Roe, C.S., Kammann, K., Funke, A., Berge, N.D., Neubauer, J., Titirici, M.-M., Funer, K., Bens, O., Kern, J. e Emmerich, K.H. 2011. Carbonização hidrotérmica de resíduos de biomassa: uma visão geral comparativa da química, processos e aplicações da pirólise húmida e seca. *Biocombustíveis* 2: 89124.

Lucas, R.E. e Davis, J.F. 1961. Relação entre os níveis de pH de solos orgânicos e a disponibilidade de 12 nutrientes para as plantas. *Ciência do Solo* 92:177-182.

Major, J., Steiner, K., Ditommaso, A., Falcão, N.P. e Lehmann J. 2005. Composição e crescimento de plantas daninhas após três anos de manejo da fertilidade do solo na Amazônia Central brasileira: uso de composto, fertilizante, esterco e carvão vegetal. *Biologia e manejo de plantas daninhas* 5:69-76.

Matsubara, Y., Hasegawa, N. & Fukui, H. 2002. Incidência de *podridão radicular devida a Fusarium* em plântulas de espargos infectadas com fungos micorrízicos arbusculares sob a influência de vários aditivos do solo. *Journal of the Japanese Society for Horticultural Science* 71:370-374.

McGonigle, T.P., Evans, D.G. e Miller, M.H. 1990. Effect of degree of soil disturbance on mycorrhizal colonization and phosphorus uptake of maize in growth chamber and field trials (Efeito do grau de perturbação do solo na colonização micorrízica e na absorção de fósforo pelo milho em ensaios de campo e em câmaras de crescimento). *New Phytologist* 116: 629-636.

McNaughton, S.J. & Osterheld, M. 1990. Extramarginal mycorrhizae and herbaceous nutrition in a tropical grassland ecosystem, Serengeti National Park, Tanzania. *Oikos* 59: 92-96.

Motomizu, S., Wakimoto, P. e Toi, K. 1983. Determinação espectrofotométrica de fosfato na água do rio com molibdato e verde de malaquite. *Analyst (Lond)* 108: 361 - 367. Doi:10.1039/an 9830800361.

Morton, J. B. & Redeker, D. 2001. Duas novas famílias de *glomalias, Archaeosporaceae* e *Paraglomaceae*, com dois novos géneros *Archaeospora* e *Paraglomus*, com base na sobreposição de caraterísticas moleculares e morfológicas. *Mycologia 93:* 181-195.

Morton, J. B. 1988. Taxonomia dos fungos micorrízicos VA: classificação, nomenclatura e identificação. *Mycotaxon* 37: 267-324.

Mwangi, M.V., Monda, E.O., Okoth, S.A. e Jefwa, J.M. 2011. Inoculação de mudas de tomate *com Trichoderma harzianum* e fungos micorrízicos arbusculares e seus efeitos no crescimento e controle da murcha de mudas de tomate. *Revista Brasileira de Microbiologia* 42(2):508-513.

Nigussui, A., Risson, E., Misganav, M. e Anbanss, G. 2012. Efeito da aplicação de biochar nas propriedades do solo e na absorção de nutrientes pela couve voadora (*Lactuca sation*) cultivada em solos contaminados com crómio. *Jornal Americano-Eurásico de Ciências Agrárias e Ambientais* 12 (3): 369-375.

Nishio, M. & Okano, S. 1991. Estimulação do crescimento da luzerna e da infeção das raízes por fungos micorrízicos vesículo-arbusculares nativos através da aplicação de biochar. *Bulletin de l'Institut national de recherche sur les prairies* 45: 61-71.

Nishio, M. 1996. Fertilizantes microbianos no Japão. *Extensão do Boletim FFTC 1-12. Instituto Nacional de Ciências Agroecológicas, Ibaraki, Japão.*

Nowak, J. M., Busscher, W. J., Laird, D. L., Ahmedna, M., Watts, D. W., e Nyandu, M. A. S. 2009. Efeito de biochar uso na fertilidade do solo em uma planície costeira do sudeste. *Ciência do Solo* 174(2): 105-112.

NRDC, 2010. Biocarbon: An Assessment of Policy Opportunities and Risks in the United States [Biocarbono: Uma Avaliação de Oportunidades e Riscos de Políticas nos Estados Unidos]. *Conselho de Defesa dos Recursos Naturais. 2-24 pp.* www.nrdc.org.

Oehl, F. e Sieverding, E. 2004. Pacispora, um novo género de fungos micorrízicos arbusculares vesiculares nos *Glomeromycetes. Revue de Botanique Appliquée* 78:72-82.

Ogawa, M. e Okimori Y. 2010. Trabalho pioneiro na investigação do biochar, Japão. *Australian Journal of Soil Research* 48:489-500.

Okimori, Y., Ogawa, M., e Takahashi, F. 2003. Potencial de redução de emissões de CO2 da carbonização de biomassa residual de plantações industriais de árvores em Sumatra do Sul, Indonésia. *Strategies for mitigation and adaptation to global change* 8: 261-280.

Oluwole, A.S., Ekpo, U.F., Mafiana, C.F., Adeofun, C.O. e Idowu, O.A. 2009. Um estudo preliminar sobre as variações temporais na atividade de picada de *Simulium damnosum s.l.* na área governamental local de Abeokuta North, Estado de Ogun, Nigéria, *Parasites and Vectors*, **DOI :** 10.1186/1756-3305-2-55.

Osonubi, O., Mulongoi, K., Awotoye, O.O., Ateyese, M.O. e Okali, D.U. 1991. Effect of ectomycorrhizal and VAM fungi on drought tolerance of four legume seedlings. *Plant and Soil* 136:131-143.

Peng, X., Ye L.L., Wang, K.H., Zhou, H. e Sun, B. 2011. Biochar obtido a partir de palha de arroz em função da temperatura e do tempo: caraterísticas e efeitos nas propriedades do solo de Ultisol no sul da China. *Soil and Tillage Research* 112:159-166.

Phillips, J.M. e Hayman, D.S. 1990, Improved root cleaning and staining procedures for parasitic and vesicular fungi for rapid assessment of infection, *Transactions of the British Mycological Society* 55: 158- 165.

Qadeer, S., Batool, A., Rashid, A., Khalid, A., Samad, N. e Ghufran, M.A. 2014.Effectiveness of biochar in soil conditioning under modelled environmental conditions.*Soil Environment. 33(2) :* 149-158.

Redeker, D., Morton, J.B. & Bruns, T.D. 2000. Ancestrais dos fungos micorrízicos arbusculares (Glomales). *Molecular Phylogenies and Evolution* 14*:276-* 284.

Rosendahl, K.N. and Rosendahl, S. 1991. Effect of arbuscular vesicular mycorrhizal fungi (*Glomus* spp.) on the response of *cucumber* (*Cucumis sativus* L.) to salt stress. *Botanique écologique et expérimentale* 31: 313-318.

Ryan, M.H. e Graham, J.H. 2002. Existe um papel para os fungos micorrízicos arbusculares na produção agrícola? *Plants and Soils* 244:263-271.

Saito, M. & Marumoto, T. 2002. Inoculação de fungos micorrízicos arbusculares: situação no Japão e perspectivas futuras. *Plantas e Solos* 244 : 273-279.

Sanchez, P.A. and Salinas, J.G. 1981, Low-cost technology for oxide and ultrasalt management in tropical America. *Avanços em Agronomia* 34: 279-406.

Sanders, E.R. & Koide, R.T. 1994, Nutrient acquisition and community structure in co-growing mycotrophic and non-mycotrophic old field annuals. *Functional Ecology* 8: 77-84.

Instituto SAS. 2001, Statistical Analysis Software (SAS). Um Guia do Utilizador. SAS Institute Cary, NC. 85 páginas.

Sawaki, H., Sugawara, K. e Saito, M. 1998. Posição filogenética do fungo micorrízico arbuscular *Acaulospora gerdemannii* e do seu sinamorfo *Glomus leptotichum* com base na sequência do gene 18s rRNA. *Mycoscience* 39*: 477-480.*

SchuBler, A., Schwarzott, D. e Walker, C. 2001. Uma nova estirpe de fungos, *Glomeromycota:* filogenia e evolução. *Mycological Research* 105*:14131421.*

SchuBler, A., Mollenhauer, D., Schnepf, E. e Kluge, M. 1994. *Geosiphon pyriforme*, uma associação endossimbiótica de um fungo e uma cianobactéria - a estrutura dos esporos é semelhante à dos fungos micorrízicos arbusculares (AM). *Botanica Ata* 107:3645.

Schwartz, M.W., Hoeksema, J.D., Gehring, K.A., Johnson, N.K., Klironomos, J.N., Abbott, L.K., e Pringle, A. 2006. Perspectivas e possíveis consequências do transporte global de inóculo de fungos micorrízicos. *Ecology Letters* 9:501515

Schwartzott, D., Walker, K. & Schubler, A. 2001. *Glomus*, o maior género de fungos micorrízicos arbusculares *(Glomales)*, não é monofilético. *Molecular Phylogenies and Evolution* 21: 190-197.

Sieverding, E. 1991. Manejo de micorrizas vesículo-arbustivas em agro-sistemas tropicais. GTZ, Eschborn, Alemanha, 371 páginas.

Skjemstad, J.O., Reicosky, D.C., Wilts, A.R. e McGowan, J.A. 2002. Charcoal in agricultural soils in the United States (Carvão vegetal em solos agrícolas nos Estados Unidos). *Journal of the American Society for Soil Science* 66: 1249-1255.

Smith, J., Garcia-Perez, M. e Das, K.K. 2009. Fabrico de combustíveis e especialidades químicas por pirólise lenta de resíduos de DAF de aves. *Journal of Analytical and Applied Pyrolysis* 86: 115-121.

Smith, S.E. e Reed, D.J. 1997. Mycorrhizal Symbiosis. *Academic Press, San Diego*, p.607.

Sohi, S., Lopez-Capelle, E., Krull, E. e Ball, R. 2009. Biochar, alterações climáticas e solos: uma visão geral para orientar a investigação futura. *Rep. No. 05/09. CSIRO.*

Solaiman, Z.M., Sarcheshmehpour, M., Abbott, L.K. & Blackwell, 2010. efeito do biochar na colonização micorrízica arbuscular, crescimento, nutrição P e trocas gasosas de folhas de trigo e trevo sob diferentes regimes hídricos. In Proceedings of the 19th World Congress of Soil Scientists, Soil Solutions for a Changing World 1 - 6 August 2010, Brisbane, Australia.

Solomon, D., Lehmann, J., Teece, J., Schafer, T., Liang, B., Kinyangi, J., Neves, E., Petersen, J. Assinatura molecular e fontes de recalcitração bioquímica de carbono orgânico nas terras escuras da Amazónia. *Geochimica et Cosmochimica Ata* 71: 2285-2298.

Sombroek W. 1996. Solos da Amazónia: uma exploração dos solos da Amazónia brasileira. *Centro de Publicações e Documentação Agrícola, Wageningen.PUDOC.*

Spanien, J.L., Sieverding, E. & Schenk, N.K. 1989. *Gigaspora ramisporophora*: uma nova espécie com novos esporóforos do Brasil. *Mycotaxon* 34:*667-677.*

Spokas, K.A., Koskinen, V.K., Baker, J.M., e Reikoski D.K. 2009. Efeitos das adições de biochar de serradura na produção de gases com efeito de estufa e na sorção/degradação de dois herbicidas em solos do Minnesota. *Chemosphere* 77:574-581.

Steiner, C., Glaser, B., Teixeira, W.G., Lehmann, J., Blum, W.E.H. e Zech, W. 2008. Retenção e absorção de nitrogênio pelas plantas em solos ferruginosos altamente alterados na Amazônia Central com a adição de composto e carvão vegetal. *Zeitschrift für Pflanzenernährung und*

Soil Science-Zeitschrift für Pflanzenernährung und Bodenkunde 171:893. DOI : 10.1002/jpln.*200625199.*

Subramanian, K.S., Charest, K., Dwyer, L.M. e Hamilton, R.I. (1995). *Micorrizas arbusculares* e regime hídrico do milho em condições de seca na formação de rebentos. *Nova Fitologia*. 129 : pp. 643-650.

Suppadit, T., Phumkokrak, N. e Poongsuk, P. 2012. Efeito do uso de biochar do leito de quil na produção de soja (*Glycine max* (L.) Merr.). *Revista Chilena de Investigação Agrícola* 72(2): 244-251.

Tim-Lenton 2009. http://climate change psychology.blogspot. com/2009/03/chris- goodall-johanneslehmanntim.htm

Tobar, R., Ascon, R. e Barea, J.M. (1994). Aumento da absorção pela planta de azoto do solo tratado com amónio sob stress hídrico por um simbionte fúngico em micorrizas arbusculares. *Mycorrhizae* 4:105-108.

Tryon, E. H. 1948, The effect of charcoal on some physical, chemical and biological properties of forest soils. *Ecological Monographs* 18:81-115.

Unger, R.K. 2008. Efeitos do biochar nas propriedades do solo e no rendimento do milho em Iowa. Tese de mestrado, Iowa State University, Ames, Iowa. Documento 117119.

Waario, L.M., Tanaka, M., Ide, Y., Gill, W.M. & Suzuki, K. 1999. Formação *in vitro* de ectomicorrizas entre *Abies firma* e *Pisolithus tinctorius*. *Mycorrhiza* 9:177-183.

Van Zwieten, L., Kimber, S., Morris, S., Downey, A., Berger, E., Rust, J. e Scheer, K. 2010. O efeito de Bioswales nos fluxos de N2O e CO2 do Ferrosol. *Australian Journal of Soil Research* 48:555-568. DOI : 10.1071/sr10004.

Vance, E.D., Brooks, P.K. e Jenkinson, D.S. 1987. Um de extração para medir a biomassa de carbono microbiano. *Soil Biology and Biochemistry* 19:703 - 707.

Varma, A. 1995. Ecofisiologia e aplicações de fungos micorrízicos arbusculares em solos áridos. *In*: Varma, A. & Hock, B. (eds) *Mycorrhiza- Structure, Function, Molecular Biology and Biotechnology*. pp. 561-592, Springer-Verlag, Berlin.

Verheijen F, Jeffery S, Bostos A.C, Van der Velde M, Diafas I. 2009. Application of biochar in soils, a critical scientific review of the effects on soil properties, processes and functions. *EUR 24099EN, Serviço das Publicações Oficiais das Comunidades Europeias, Luxemburgo, 149 páginas.*

Walker, K., Blaszkowski, J. D. S. & Schubler, A. 2004. *Gerdemannia gen. nov. um* género isolado de *Glomus*, e *Gerdemanniaceae fam. nov.* uma nova família na *Glomeromycota. Mycological Research* 108:707-718.

Wallstedt, A., Coughlan, A., Munson, A.D., Nilsson, M.K. & Margolis, H.A. 2002. Mecanismos de interação *entre a vegetação de Kalmia angustifolia* e *as plântulas de Picea mariana. Canadian Journal of Forest Research* 32:2022-2031.

Warnock, D.G. 2004. Resposta das micorrizas arbusculares ao biochar no solo - possíveis de interação e respostas observadas em condições controladas. *Tese de mestrado Universidade de Montana Missoula, MT.*

Warnock, D.D., Lehmann, J., Kuyper, T.W. e Rillig, M.C. 2007. Respostas micorrízicas ao biochar no solo - conceitos e mecanismos.*Plant and Soil 300*:920.

Warnock, J.D., Mummey, D.L., McBride, B., Major, J., Lehmann, J., e Rillig, M.C.. 2010. Efeitos do biochar não herbáceo na abundância de fungos micorrízicos arbusculares nas raízes e no solo: resultados de experiências de câmara de crescimento e de campo. *Applied Soil Ecology*, 46(3): pp. 450-6.

Wetterauer, D.G. and Killorn, R. 1996, Fallow and flooded soil syndromes; implications for crop production *Journal of Production Agriculture* 9: 39 - 41.

Winsley, P. 2007. Biochar e produção de bioenergia para mitigação das alterações climáticas. *New Zealand Science Review* 64:5-10.

Wolfe, D., Amonette, J., Street-Perrott, F.A., Lehmann, J. e Joseph, S. 2010. Sustainable organic sugar to mitigate global climate change. *Nature Communications* 1:1-9.

Xu, Z.R., Zhu, W. e Htar, S.H. 2012. Gaseificação oxidativa parcial de lamas de esgoto municipal em água subcrítica e supercrítica. *Tecnologia Ambiental* 33 (1012): 1217-1223.

Yamato, M., Okimori, Y., Wibowo, I.F., Anshiori, S. e Ogawa, M. 2006. Efeito aplicação de casca carbonizada *de Acacia mangium* nas culturas de milho, feijão-frade e amendoim e nas propriedades químicas do solo em Sumatra do Sul, Indonésia. *Soil Science and Plant Nutrition 52*:489-495.

Young, A. 1804, Cut and Burn. Farmer's Calendar, pp. 171-182, *Richard Phillips, Londres.*

Yousif, S.A., Muhammad, I., Hayatu, N.G., Sauwa, M.M., Tafinta, I.Y., Mohammed, M.A., Lukman, S.A., Abubakar, G.A. e Hussein, A.M. 2016. Efeito da vacinação com biochar e rizóbio na nodulação e crescimento do amendoim no Estado de Sokoto, Nigéria. *Revista internacional de ciências da vida aplicadas*, 9(2): pp. 1-9.

Zobel, M. & Moora, M. 1997. Coexistência de plantas num ambiente interativo: as micorrizas arbusculares não devem ser tiradas da nossa cabeça. *Oikos* 78: 202-208.

Printed by Books on Demand GmbH, Norderstedt / Germany